건축가가 지은 집

건축가가 지은 집

정성갑 취재, 엮음

행복이 가득한 집 기획

● design house

건축가가 지은 집, 내 일상의 견고한 바탕

건축가가 지은 집을 얼마나 소개하고 싶었는지
모릅니다. 멋진 미감과 구조의 집들이 평소 몰랐던
이면의 세계를 보여주는 듯했습니다.
잡지 <럭셔리>에서 오랫동안 기자 생활을 하고
<행복이 가득한 집>에 글을 쓰면서 운 좋게 근사한
집을 많이 경험했는데, 그곳에 '건축가가 지은 집'도
있었습니다. 그곳에 사는 이들의 환대를 받아 공간
구석구석을 둘러보다 보면 집이야말로 나답게 사는
시작점이자 전부라는 것을 알 수 있었습니다.

집을 취재할 때마다 이런 생각이 들었지요. '와, 이분들은 얼마나 좋을까?' '건축가는 어떻게 이런 아이디어를 냈을까?' 어느 때는 그 집에서 맞이하는 비 오는 날과 눈 오는 날이 상상됐고, 또 어느 때는 환하고 깊이 들어오는 햇살을 느끼며 마음이 평화롭게 늘어지고 풀리는 기분을 느꼈습니다. 그들에게 집은 안전하고 아늑하며 완전한 하나의 세상이었습니다. 모든 풍경, 모든 구조가 오로지 나를 위해 존재하는. 그런 집을 보고 온 날은 마음 안쪽에 소망의 작은 불씨가 떨어진 것 같았습니다. 그리고 생각했습니다. '언젠가 나도 꼭 멋진 집을 짓고 싶다.' 곧바로 '그럴 수 있을까' 하는 의심이 들긴 했지만 순수하고 깨끗한 바람이었지요.

회사를 그만두고 프리랜서로 전향하면서 가장 먼저 선보인 기획도 '건축가의 집'이었습니다. 갤러리로얄과 함께 진행한 프로젝트로, 단독주택을 잘 짓고 설계 경험도 많은 건축가를 초대해 어떤 마음으로 집을 짓는지, 중요시하는 가치와 철학은 무엇인지 듣는 시간이었지요. 그간 지은 대표적 집을 상세하게 소개하는 순서도 필수로 들어갔습니다. 그들과의 시간은 건축가가 지은 집에 대한 환상과 로망을 다시금 굳히는 계기가 되었습니다. 유명 건축가부터 중견·신진 건축가까지 서른 명에 가까운 실력 있는 건축가를 만났는데, 각각의 결과물과 스타일이 어쩌면 그렇게 다르면서도 매력적이던지요. 유명 건축가의 강의를 들으면 금방이라도 그와 함께하고 싶다가 다음 달에 기세 좋은 신진 건축가를 만나 이야기를 들으면 또 금세 흔들리는 갈대가 되어 '이분과 해도 재미있겠다' 싶은 마음이 들었습니다. 거의 매달 강의를 듣는 분들에게서조차 "아, 괴로워요" 하는 즐거운 비명이 터져 나왔지요. '건축가의 집'은 잡지 <행복이 가득한 집> 연재로 이어지며 지난 3~4년간 제 커리어의 주요 키워드가 되었습니다.

저마다의 창의적 해법을 건축주와 건축가 편에서 듣고, 현장에서 취재를 하며 더 세세한 곳까지 살펴보는 건 정말로 특별한 시간이었습니다. 당장 집을 지을 계획이 없어도, 그저 실용적이고 개성 넘치며 아름다운 집을 보는 것만으로 설레고 흐뭇했습니다. 무엇보다 건축주의 바람과 소망을 최적의 방법으로 실현해준다는 점이 늘 산뜻한 느낌표처럼 남았습니다. 물론 건축가에게 설계비로 합당한 비용을 치르지만, 누군가를 만나 내가 꿈꾸는 것을 원 없이 이야기하고 그에 기반한 결과물을 총체적으로 제공받는 서비스는 집 짓기밖에 없는 것 같습니다. 일상을 직조하는 고도의 비스포크라고 할까요?

기억에 남는 건축가와 집이 많습니다. 공학과 미학 그리고 인문학이 톱니바퀴처럼 촘촘하게 맞물린 곳도 있었고, 공간 깊숙이 영성이 스며들어 있는 곳도 있었습니다. 장승업의 그림처럼 호방한 기운이 일품인 곳도요. 울창한 숲속에 들어선 집은 쓸쓸해 보이기는커녕 극강의 호사처럼 느껴졌습니다. 거장은 거장대로, 젊은 건축가는 젊은 건축가대로 생각지도 못한 배치와 공간 구성으로 건축주를 만족시켰는데, 그 마디마디 기쁨과 고민의 순간을 자세히 취재하던 순간이 참 좋았습니다.

나를 위한 물리적·정서적 세계를 구축한다는 점에서 집 짓기는 매력적입니다. 공간과 시간은 서로 붙어 있어 한쪽이 행복하면 다른 한쪽도 덩달아 행복해지지요. 좋은 공간에서는 자동으로 좋은 시간이 만들어집니다. 많은 공간 중에서도 집이 지니는 의미와 중요성은 절대적이고요. 그런 공간을 실력 있는 건축가와 함께 짓는다는 건 인생의 이벤트이자 하이라이트가 아닌가 싶습니다.

집을 짓고 하루하루 행복하다는 분을 만나면 저까지 덩달아 행복해지는 기분이었습니다. 집에 머물면서 거실과 마당에 쏟아지는 빛만 보고 있어도 행복이 차오른다는 분이 많았지요. 내게 꼭 맞는 집이 생기면 우리의 삶은 그렇게 소박해지고 단순해집니다. 다른 것 필요없고 그저 집에서 누리는 소소한 기쁨과 행복이면 충분하다는 생각. 그러다보면 더 이상 바깥으로 눈을 돌리지 않고 내 집에서 건강하고 가치있게 살 계획을 하게 되지요. 비로소 매순간 온전히 나로 사는 챕터가 시작되는 겁니다. 집을 짓고 나서 인생이 달라졌다는 분도 많이 만났습니다. 그건 아마도 새 집과 더불어 나의 시간, 나의 삶 역시 새로워졌다는 말일 겁니다.

오랫동안 애정하고 집중했던 '건축가 지은 집'이 책으로 묶여 나옵니다. 처음 '건축가의 집'을 주제로 토크를 하고 싶다고 했을 때 선뜻 손을 잡아준 갤러리로얄 김세영 대표님, 귀한 지면을 내어주고 놀라운 추진력으로 책을 만들어간 이지현 편집장님, 아름다운 레이아웃으로 힘을 보태준 김홍숙 주간님께 감사드립니다. 전체 구성과 짜임새를 봐준 최혜경 선배에게도 애정하는 마음을 전합니다. 연재는 구선숙 전 편집장님 때부터 시작했는데, 함께 사례를 찾아주고 "띄엄띄엄 들어가면 안 돼. 힘들더라도 좀 더 찾아보자" 하고 격려해주지 않았다면 이렇게 많은 콘텐츠가 적금처럼 쌓이지 않았을 겁니다. 마지막으로 늘 든든하고 힘 있는 애정, 깊고 뾰족한 통찰로 결과물의 퀄리티를 두 단계쯤 거뜬히 올려주시는 디자인하우스 이영혜 대표님께 깊은 감사를 드립니다.

돌아보면 이렇게까지 집을 좋아하지 않았는데, 건축가가 지은 집을 만나고 나도 언젠가 그런 집을 갖게 되길 소망하면서 집이라는 물리적 공간, 개념적 바탕과 점점 더 끈끈하게 밀착되어가는 것을 느낍니다. 내게 꼭 맞는 나만의 집을 갖고 싶다는 건 더 잘 살고 싶다는 바람이고, 이는 곧 건강한 삶의 징표라 생각합니다. 여기 소개하는 여러 건축가와 건축주, 그리고 스무 곳의 집을 보면서 당신도 함께 꿈꾸고 함께 기약하면 좋겠습니다. 우리는 모두 집에서 '살고' 있으니까요.

2024년 봄
정성갑

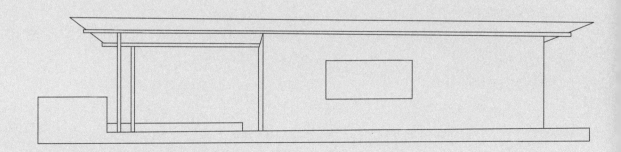

Contents

Chapter 01

건축가가 짓고, 건축가가 사는 집

건축가 조병수의 양평 ㅁ자집 땅집, 비워서 채워지는 곳

건축가 조정선의 살림집 한옥, 나무가 선물해준 한옥 인생

건축가 최민욱의 창신동 주택, 토지 매입부터 시공까지 3억 원으로 이룬 기적

건축가 김학중의 평창동 삼층집, 무용한 땅이라서 더 그림같던 자연

건축가 최욱의 부암동 자택, 오두막 두 채로 찍은 화룡점정

건축가 조병수

양평 ㅁ자집과 땅집

비워서 채워지는 곳

많은 설명이 필요 없는 한국 건축계의 스타 조병수. 2023년에 열린
<서울도시건축비엔날레>에서는 총감독을 맡아 친환경, 고밀도의 도시, 서울에
대한 마스터플랜을 제시했다. 그가 평소에 가장 관심 있게 살피는 것이 땅의 표정.
지형과 물길, 바람길과 풍경까지 면밀하게 살펴 그 자리에 꼭 맞는 집과 건축물을
짓는 것으로 유명하다. 그는 건축을 배우기 전에 도자를 했다. 벽제 산골로 들어가
먹고 자며 도자를 굽다 건축으로 전향했다. 하지만 막사발이나 달항아리에서 보이는
호방하고 자유로운 미감은 몸 안에 고스란히 남아 완벽한 구도와 균형에서 벗어난
자유롭고 예술적인 결과물을 만들어낸다. 그는 나와의 인터뷰에서 "볼수록 깊이가
있고, 잊고 있던 감각들이 깨어나고, 몸도 편안하다고 느끼는 그 무엇에 관심이 많다"고
말했다. 하버드대학교 대학원에서 건축학으로 석사를 받았으며 덴마크 아루스대학교
석좌교수를 역임했다. www.bchoarchitects.com

사각으로 시원하게 뚫린 하늘이 매력적인 ㅁ자집. 위에 올라 바라보는 자연이 다정하고 호쾌하다.

10여 년 전인가, 이 두 채의 집을 방문한 적이 있다. ㅁ자집은 말 그대로 지붕을 반 듯한 사각으로 뚫은 집이다. 지붕 크기는 가로세로 5m. 옹색하지도, 그렇다고 부담스럽 지도 않은 딱 좋은 크기로 바닥에는 사각 하늘과 같은 비율로 연못을 만들어놓았다. 땅집 역시 소탈하다. 땅 밑으로 3.2m를 파고 들어가 그 바닥에 집을 얹었다. '지중하우스'인 셈 이다. 그 집을 차례로 경험하면서 건축가 조병수와 인간 조병수를 동시에 보았다. 간소한 옷차림에 검은색 뿔테 안경을 쓰는 건축가 조병수는 언뜻 차분하고 반듯해 보이지만, 실 은 굉장히 전위적이고 파격적인 사람이 아닐까 싶었다. 나는 그의 건축을 보며 늘 로맨틱 한 면면을 보는데, 그 두 집에서도 마찬가지였다. ㅁ자집과 땅집에 가만 앉아 있으면 천천 히 움직이는 빛과 바람이 생생하다. 바람이 불어 집 위에 있는 나뭇잎이 떨어지고 빛의 무 리는 모양을 바꿔가며 물 위로, 풀섶으로, 지붕을 떠받드는 나무 기둥으로 옮겨 다닌다. 오랫동안 들여다보고 있어도 질리지 않는 풍경. 잡념이 스르르 녹아내리고 풀어 헤쳐져 종국에는 겸손한 마음만 남는 곳. 그렇게 많은 것이 비워짐과 동시에 채워지는 집. 이런 곳에서 조병수 건축가는 때로 혼자 시간을 보낸다. 땅집에서는 지인들을 초대해 시 낭송 회를 열기도 했다. 잔가지를 모두 쳐낸 간결한 몸통의 시는 조병수의 건축론과 인생관 혹 은 DNA와도 일맥상통한다.

사각 하늘을 통해 들어오는 강 같은 평화

그렇게 추억으로 남은 집을 다시 가보고 싶던 이유는 최근 이곳에 큰 변화가 있었 기 때문이다. 몇 달 전 인터뷰차 만난 조병수 건축가는 ㅁ자집의 방을 다 헐었다고 했다. 이유는 이랬다. "오랫동안 잘 보고 누렸습니다. 한번 변화를 줄 때도 됐어요." 그 모습이 궁금해 양평행을 청했고 그는 흔쾌히 승낙했다.

콧바람을 쐬며 차를 몰아 먼저 도착한 곳은 ㅁ자집이었다. 초가을의 그곳에는 따 뜻한 볕과 서늘한 바람이 함께 있었다. 가로세로 13.4m의 정사각형 공간. 반듯하게 터를 잡고 외벽을 콘크리트로 마감한 집 주변으로는 무성한 숲과 높은 하늘만 보였다. 이곳의 대지 면적은 877㎡(약 266평). 무척 넓은 부지지만 건물을 올리는 데는 191.14㎡(57평) 의 땅만 사용해 간결하고 단출해 보인다. 가지마다 큼지막한 보라색 꽃송이를 달고 있는 산수국을 본 후 대문 안으로 들어가자 '전실'이 나온다. 집 안이지만 동시에 바깥이기도 한 곳. 천장에서는 빛이 한 줌 들어오고, 그 아래로는 석물과 물확이 보인다. 콘크리트 벽 면에서는 세월의 흔적이 느껴진다. 군데군데 이끼가 피어나고 표면이 벗겨져 진한 회색 옷을 입은 곳도 있다. 흔히 콘크리트는 표정이 없는 무심하고 건조한 재료라고 생각하지 만 그렇지 않다. 이처럼 색도 변하고 지나온 시간도 느껴진다. 다만 한결같이 묵직하고 든 든한 느낌이 있어 그 단단한 물성을 느끼는 것만으로 위로가 된다.

몇 발짝을 더 떼자 집 구조가 한눈에 들어왔다. 고재古材가 지붕을 떠받치는 구조 인데 그 배치가 자유로워 답답한 느낌이 없다. 방이던 공간을 모두 헐어내니 공간도 한층

땅밑으로 3.2m를 파고 들어간 땅집. 겨울잠을 자는 동물처럼 고독하고 충만한 상태의 나를 만날 수 있다.

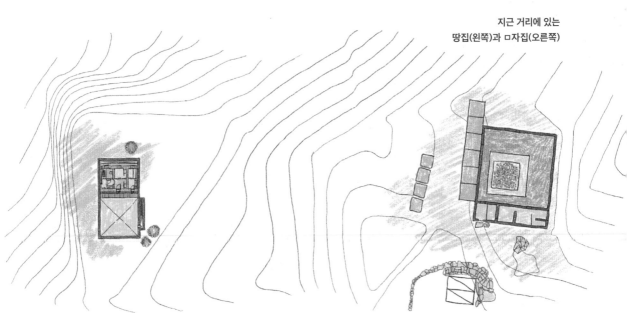

지근 거리에 있는
땅집(왼쪽)과 ㅁ자집(오른쪽)

풍성해졌다. 수정원을 채우는 물소리, 사각 하늘 위로 바스락거리는 나뭇잎 소리, 물과 나무 기둥에 반사돼 일렁이는 빛의 움직임이 더 잘 들리고 더 잘 보인다. 사방에서 자연도 더 깊이 들어온다. 밖에서는 무심한 콘크리트 박스로 보이지만, 안에서는 한없는 평화가 흐르는 곳. 방이 있었을 때와는 또 다른 풍광과 숨결이다. 역시 저마다의 공간에는 저마다의 즐거움이 있기 마련이다. 중정은 또 하나의 바깥문하고도 자연스럽게 연결되는데, 그 문을 여니 빛이 길게 들어왔다.

현장에 미리 와 있던 조병수건축연구소의 최우석 주임이 "수정원에 물을 다 받으려면 세 시간 정도 걸린다"며 수도꼭지를 틀어 물을 받기 시작한다. 젊은 건축가는 '큰 선배'의 작업을 어떻게 바라볼지 궁금했다. "이곳에서는 시간과 날씨의 변화를 인위적으로 알아채는 게 아니라 자연스럽게 알게 되는 것 같아요. 입구에서 중정에 이르기까지 시퀀스도 다채로워요. 주차장 입구에서 집을 볼 때는 사각 형태의 외벽만 보여 어떤 집일까 궁금증이 나는데, 전실을 거쳐 중정에 들어가는 구조라 그곳에서 또 한 번 기대감을 품게 되지요. 중정에 들어오면 나무 기둥의 자유로운 배치가 눈에 들어오는데, 저는 이 풍경이 그 자체로 자연 같아요. 현대 건축물 중에는 '기승전결'이 부족한 경우가 많아요. 모든 것을 한 번에 내비친다고 할까요? ㅁ자집은 달라요. 겹겹의 기운과 풍경을 천천히, 입체적으로 보여줘요."

바깥으로 난 계단을 따라 지붕 위로 올라가자 집을 둘러싼 숲이 와락 안기듯 가깝게 다가온다. 1층을 둘러볼 때는 그래도 방을 두세 개 남겨뒀으면 좋지 않았을까 싶은 마음이었는데, 그곳에 올라가니 너른 옥상에서 침낭을 펼쳐놓고 자도 좋을 것 같았다. 지붕도 방이 될 수 있는 것이다. "이 공간은 포도밭을 돌보며 자연을 느끼고 때로 작업도 하는 창고 같은 공간으로 계획했어요. 밤하늘의 달과 별을 친구와 같이 보고 싶은 생각도 있었고요. 그렇게 사계절의 기운과 움직임을 차분히 느끼고 싶어 건물은 최대한 단순하고 고요하게 설계했습니다. 그 자체로 도드라지기보다는 감정과 기억의 조용한 '배경'이 되면 좋겠다 하는 마음이었어요." 조병수 건축가의 말이다.

건폐율 0%의 실험

양평 ㅁ자집에서 숲길을 따라 2분만 내려가면 조병수 건축가의 또 다른 건축 실험작인 땅집이 있다. 말 그대로 땅을 파고 집을 앉힌 지중하우스. 이곳을 이루는 각각의 공간은 하나같이 작다. 집으로 내려가는 계단은 성인 한 명이 간신히 지나갈 만큼 비좁고, 철판으로 만든 대문도 작아 들어가려면 몸을 구부려야 한다. 방도 좁기는 마찬가지. 벌러덩 눕는 것은 불가하고 조심조심 몸을 눕혀야 한다. 딱 한 평 크기. 작은 창문 너머로는 뒤란이 환했다. 방 옆에 마련한 욕실에는 편백나무 욕조를 설치했다. 역시 작아 무릎을 구부리고 소심하게 몸을 담가야 한다. 그렇게 안에서 시간을 보내다 바깥 마당을 보면 빛의 기운이 쨍하고 세다. 이곳의 대지 면적은 600㎡(약 182평). 역시 넓은 편인데 건축면적은

ㅁ자집의 내부.
땅에는 사각
연못이, 하늘에는
사각 개구부가
대구를 이루듯
조화로운 모습으로
자리 잡고 있다.

32.49㎡(약 9.8평)밖에 되지 않는다. 용적율은 4.93%, 땅 밑에 지었으니 건폐율은 0%. 거주 공간은 최소한으로 제한하고 자연에 최대한 많은 땅을 내준 것이다. 구조도 간결하다. 집을 둘러싼 테두리의 외벽에는 노출 콘크리트를 적용했지만, 방이 들어선 건물의 바깥쪽은 다짐 흙벽으로 마감했다.

　　　조병수 건축가는 어쩌자고 모든 곳이 다 작은 이런 집을 만들었을까? 그의 설명이 기막히다. "땅집은 하늘집이기도 합니다. 윤동주의 하늘과 바람과 별을 기리고 싶어 만든 집이에요. 건축가이기 전에 한 사람, 하나의 생명체로서 자연과 세상을 가만 들여다볼 수 있는 여유를 갖고 싶었어요. 윤동주가 그러했듯 절제와 성찰을 통해 나와 우리를 돌아보고 싶은 생각도 있었고요." 부연하자면 그는 이곳에서 겸손한 시간을 보내고 싶은 것은 아닐까. 평화로운 시간은 낮은 마음일 때 깃드는 법이니까. 방과 부엌의 출입구를 따로 낸 구조에서도 그 의도를 읽을 수 있다. 큰 집이 아니니 방과 부엌을 가깝게 배치하고 출입문을 하나로 만들어도 됐겠지만, 그는 공간을 나누고 문도 따로 달았다. 방에 있다 출출하면 문을 열고 나와 툇마루를 지나 다시 부엌문을 열어야 하는 것이다. 하지만 그 덕분에 자연스럽게 바깥 공기를 쐬고 마당이며 하늘을 한 번 더 올려다볼 수 있다. 몸은 비록 불편할지언정 마음에는 겸손함이 깃들고, 머리에는 열이 차지 않는 구조다. 기분 좋게 술을 마시고 '야생'의 기운이 동하면 땅집 위로 마련한 야외 욕조에 들어갈 수도 있다. 너른 땅에 묻은 콘크리트 욕조. 그 안에 몸을 담그고 보는 밤하늘과 별은 얼마나 깊고 생생할까?

　　　이 집에서 제일 큰 곳은 마당. 가로세로 7m 크기인데 그저 빈 채로 남겨두었다. 그렇다고 흙만 있는 긴 아니다. 벌개미취며 산국이며 봄부터 가을까지 다양한 꽃이 차례로 피고 진다. 땅 밑으로 3.2m를 파 내려간 공간에 앉아 앞뜰과 저 위의 땅을 보는 기분은 생

위 정원을 중심으로 회랑처럼 펼쳐지는 공간들.
오른쪽 고독 속으로 침잠하는 나를 상상하며 땅 밑으로 파고 들어간 땅집.

각보다 낯설지 않다. 그저 평온하고 한가롭다.

"전라도의 어느 시골을 여행하다가 밥을 먹으러 음식점에 들어갔다. 마침 사람이 많아서 음식점의 골방 같은 누추한 곳에서 밥상을 기다리고 있었는데, 그곳에 있다 보니 묘한 느낌이 들었다. 방 안에서 밖을 바라보니까 태양 빛이 환하게 비추고 있었다. 그 빛이 강하게 다가왔다. 유명한 건축물도 많이 보고 유럽도 많이 돌아다녀봤지만, 이처럼 편안하면서도 바깥 빛의 존재가 강렬하게 다가온 경험은 없었다. 전라도의 시골 음식점 방에서 전광석화처럼 아이디어가 떠올랐다. 그래서 그 방의 크기와 천장 높이, 조도를 유심히 보아두었다가, 땅집을 지을 때 그 느낌을 옮겨놓았다."《조용헌의 백가기행》에 나오는 그의 말이다.

두 집을 둘러보고 새삼 건축가란 무엇인가 하는 질문을 품게 됐다. 모든 건축가가 '인간 중심'의 건물을 설계하지만, 그 내용은 건축가마다 다를 것이다. 몸의 편리함에 방점을 찍는 건축가도 많을 텐데 조병수 건축가는 인간의 몸보다 마음에 훨씬 많은 관심이 있어 보였다. 몸을 조금 불편하게 해서라도 더 큰 것, 더 소중한 것을 잘 보고 잘 느끼는 것이 훨씬 중요하다고 믿는 것 같았다. 그것이 건축가 조병수의 뚜렷하고 확고한 스타일이었다.

1 콘크리트와 고재의 조화가 아름다운 ㅁ자집.
2 땅집 지상에는 직사각형으로 깊이 판 야외 노천탕이 있다. 이 얼마나 낭만적이고 호방한 설계인지.

땅집 입면도

건축가 조정선과 목수 최성순

부부가 함께 지은 양평 살림한옥

나무가 선물해준 한옥 인생

살림한옥의 공동 운영자인 조정선 건축가와 최성순 목수. 2016년 경기도 양평에
한옥에 쓰일 재목을 말리고 만드는 작업장이자 공장을 짓고 이듬해 그 바로 옆에
가족들과 함께 사는 집을 지으며 본격적으로 한옥 건축을 시작했다. 남편이자 목수,
시공 전문가인 최성순 씨와 함께 해 설계와 시공 단계에서 발생하는 불협화음이 적다.
"살림, 집을 짓습니다"라는 모토에서 보듯 오랫동안 살기 좋은 집을 짓는 것이 이들의
목표. 이웃 어르신들과 살갑게 지내고, 천천히 시간을 들여 나무를 말리고, 주말이면
아이들과 등산을 가는 일상처럼 따뜻하고 정감 가는 건축을 한다. 가장 인상적인
부분은 그 집에 딱 맞는 목재를 찾기 위해 매년 벌목현장을 찾는다는 점. 나무가 자라온
풍토까지 꼼꼼하게 살피며 목재를 선별하고 탈피 작업부터 제재까지 모든 과정을
직접 한다. 최근에는 소나무와 자작나무 등 여러 수종을 활용해 책장과 테이블, 평상과
데이베드 등 살림에 필요한 가구까지 직접 만들고 있다. blog.naver.com/sallim2015

왼쪽 시골의 정취로 아름다운 마당. 내외부 모든 곳에 서둘러 무언가를 채우지 않는 것이 이들 부부의 공간 운영 원칙이다. **아래** 시할머니까지 함께했던 촬영. 단란하고 행복한 가족의 모습.

부부가 이곳에 터를 잡은 때가 2015년이다. 대학에서 건축을 전공한 후 건축설계사무소에서 일하던 아내와, 목수로 집을 짓고 문화재도 복원하던 남편은 사람 사는 냄새가 나는 한옥을 직접 만들어보자고 합의한 후 '살림한옥'을 지었다. 마당을 중심으로 주방부터 안방까지 빙 둘러 자리 잡은 'ㅁ'자집. 쪽문을 열면 뒤란과 연결되는 전망 좋은 방을 시할머니에게 드리고 중학생 딸 승원이에게는 목구조를 높이 들어 올려 다락방을 만들어주었다. 아홉 살인 승효는 엄마 아빠 방과 맞닿은 방을 쓴다. 승효의 취미는 종이접기. 티라노사우루스부터 피카츄까지 얼추 봐도 식별이 가능할 만큼 솜씨가 대단하다. 승원이는 기차를 타고 시내 중학교로 통학하는데 잘 적응해 고마운 마음이다. "가구 수가 많지 않은 작은 동네다 보니 또래 아이가 없어서 지들끼리만 노는 것이 미안해요." 하지만 다 자기들만의 놀이가 있는 법. 아이들은 흙으로 호떡 장사 놀이도 하고 자전거를 타고 동네를 쏘다니기도 한다. 몇 해 전 여름에는 강원도 화진포로 다 같이 해수욕도 다녀왔는데 마당에는 그때 주워 온 조개껍데기가 예쁘게 놓여 있었다. 부부는 아무리 바쁘거나 경황이 없어도 1년에 한 번 가족 여행만큼은 꼭 가려고 한다. 이 집을 지은 것도, 하루하루 열심히 사는 것도 결국 가족의 시간을 위해서니까.

이 집을 설계하며 바란 것도 '우리의 삶과 생활이 있는 집'이었다. "한옥이라면 말이지" "한옥에는 자고로" 같은 세상의 얘기에는 귀 기울이지 않았다. 3대가 각자 적당히 자신의 공간을 가지면서도 문만 열면 맞바람이 불 듯 시원스레 이어지도록 했고, 겨울 추위에 대비하기 위해 나무로 짠 목 시스템 창호를 넣었다. 지붕은 맞배지붕으로 했다. "한

옥은 나무가 많이 들어가고 암키와와 수키와가 만나는 선을 포함해 화려한 구석이 많아요. 그 안에서 사는 사람의 삶도 충분히 역동적인데, 불필요한 장식이나 형식적인 것에 얽매일 필요는 없다고 생각했어요. 맞배지붕을 심심하다고 생각하는데, 저희는 되레 단순해서 모던해 보이더라고요. 맞배지붕이 만들어내는 용마루 선이 담백하게 안마당을 품어줘 매일 봐도 부담이 없고요."

내 눈에는 거실과 안방 쪽에 단 영창映窓(창문 바깥쪽으로 한지를 발라 덧댄 나무 미닫이문)의 높이가 인상적이었다. 바닥에 앉아서도 창문을 열 수 있도록 낮은 곳에 낸 창문. 영창을 닫아놓으면 한지 안으로 빛이 일렁이고, 영창과 창문까지 툭 열면 바깥쪽 풍경이 '낮게' 펼쳐진다. 물론 모든 것이 이상적이기만 한 것은 아니다. 한옥의 단점 중 하나는 수납공간의 부족. 이 집 역시 마찬가지지만 할머니 방

에 반침(벽장)을 만들고, 안방에는 가로로 긴 수납장을 짜 넣어 정리와 청소가 간편하다. 김치냉장고는 마당에 묻은 항아리가 대신한다. 부족하면 부족한 대로 새로운 아이디어가 생기고, 그렇게 되면 불편하다고 생각하던 것이 어느새 정말 좋은 것이 되기도 한다.

영화감독이 영화 한 편을 찍으며 결정해야 할 일이 수천가지에 이른다는데, 집을 지을 때도 수없이 많은 선택지가 앞에 던져진다. 돌쩌귀를 고르는 일부터 바닥재를 선택하는 일까지 계속해서 선택, 선택, 선택의 연속이다. 시간이 지나면 잘한 선택과 후회하는 선택이 선명하게 드러나고, 후회하는 선택을 좋은 쪽으로 돌려보려 다시 또 애 쓰는 것이 집 짓고 사는 일반적 흐름이다. 이 집 역시 마찬가지인데, 두고두고 잘했다고 생각하는 것은 대들보며 서까래를 모두 소나무로 올린 것. "한국에 가장 흔한 나무가 소나무잖아요. 그래서 옛집들도 대부분 소나무로 지었어요. 우리나라 소나무의 특성이나 한계까지 껴안으며 만든 집이 한옥이다 보니 우리도 소나무를 사용하면 그만큼 편안하고 친근한 집이 되지 않을까 싶었어요. 국산 소나무는 곧은 것도 있고 휜 것도 있는데, 이것들이 서로 어우러지며 만들어내는 미학이 있어요. 그것이 우리 목구조의 특징이고요. 수입해온 나무는 곧기만 합니다. 나무의 특성을 아는 것은 자연스러운 미감과 연결되는 문제라 중요해요." 조용히 아내 말을 듣던 남편의 부연 설명. "한옥 목재로 소나무뿐 아니라 느티나무 수종도 많이 써왔어요. 부석사 무량수전 기둥도 느티나무지요. 우리 부부는 한옥 짓기가 좀 더 쉬운 일이 되면 좋겠어요. 그러려면 자재를 구하는 것도 쉬워야 하는데, 이렇게 우리 나무로 집 짓는 문화가 형성되면 제재소를 포함해 목재 관련 산업도 좋아질 거고, 더 넓게는 숲도 다양해지지 않을까 싶은 거예요. 그 혜택을 제가 살아 있는 동안에는 못 누리겠지만, 그렇게 점점 좋아지면 좋은 거니까요."

시작 단계부터 우리 나무와 함께하고 싶다

이들이 한옥을 대하고, 만드는 과정은 여느 곳과 사뭇 다르다. 설계부터 시공까지 전 과정을 직접 관리 감독한다. 흔히 한옥에 쓰는 목재는 '나무 백화점'인 제재소에서 공급받는데, 이 부부는 전국의 벌목 현장까지 직접 찾아간다. 그곳에서 나무의 생김새도 보고 굵기도 확인한 후 양평 작업장으로 가져온다. 설계한 집에 들어갈 나무를 처음부터 들여다보고 가능한 한 자세하게 아는 것. 그래서 적재적소에 딱 맞는 나무를 쓰는 것이 부부에겐 중요하다. "제재소에 있는 나무는 누군가 그 가능성과 역할을 결정한 것이잖아요. 물론 전문가의 식견이 반영된 결정이지만, 처음부터 저희 눈과 마음으로 해보고 싶은 거예요."

그렇게 가격을 치른 나무는 25톤 트럭에 실려 몇 차례에 걸쳐 작업장으로 온다. 날씨에 따라 나무를 못 싣는 날도 있고, 벌목현장에 눈이 많이 내리면 한참을 기다려야 해서 작업장으로 가져오기까지는 시간이 제법 걸린다. 그리고 마침내 우람하고 듬직한 나무가 작업실 마당에 도착하면 부부는 부자가 된 것 같아 기분이 좋아진다. 한옥 공사에는 국산

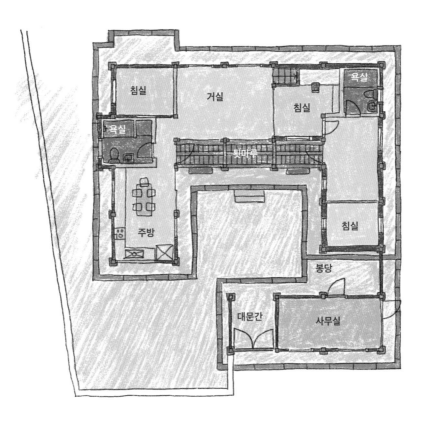

소나무를 많이 사용하는데 이 나무를 베고, 구매할 수 있는 시기는 따로 정해져 있다. "봄이 되면 나무에 물이 오르잖아요. 그렇게 물이 많이 오른 상태에서는 건조가 잘 안 돼요. 베기도 어렵고. 처서가 지나 몸통에 오른 물이 내려가기 시작하면 벌목 허가가 나지요. 옛날에는 강원도 산에서 벤 나무를 엮어 뗏목으로 만든 후 북한강, 남한강을 따라 필요한 곳까지 옮겼잖아요. 나무를 그렇게 물속에 담그면 나무의 수액과 불순물이 빠져나가면서 나뭇결은 단단해지고 무늬도 아름다워지지요. 그 옛날에 어떻게 이런 것을 알았는지 신기해요." 최대한 시간과 공을 들여 나무를 건조하는 것은 부부가 가장 중시하는 단계다. 제대로 말리지 않으면 살면서 변형이 되기 때문이다. 건조기에 나무를 넣고 고온으로 말리는 경우가 많은데, 부부는 적당한 온도로 가급적 느리게 말리고 시간이 충분하다면 자연 건조도 마다하지 않는다. 지은 지 몇 년 지나면 나무 미닫이문의 아귀가 맞지 않아 그 틈으로 바람이 숭숭 들어오는 경우가 많은데, 이 역시 나무를 제대로 충분히 말리지 않았기 때문이다.

　　20년 가까이 목수로 살아온 남편은 그저 나무가 좋은 사람이다. 내장 목수(인테리어 목수)로 일을 시작했는데, 소가구를 만들 일이 많다 보니 합판을 만질 일이 많았고 좋은 원목을 만지고 싶다는 바람이 컸다. 주말에만 잠시 가족을 보러 오고, 평일이면 몇 달씩 작업 현장에서 숙식을 해결해야 했지만 같이 작업하는 형님들과 즐겁게 지냈다. 일이 힘들어서인지 이 일을 하려는 젊은 사람은 많지 않다. 이야기는 자연스레 그 시절로 옮겨갔다. "아내보다 그분들하고 함께 산 세월이 더 길어요.(웃음) 작업장을 차려놓고 삼시 세끼를 함께 먹으니 정이 많이 들죠. 다들 음식도 잘해요. 고기도 능숙하게 해체하고요. 취사도구도 많이 필요 없어요. 난로하고 들통만 있으면 거기에 돼지머리를 푹 삶아내요. 시골에서 작업을 하다 보면 멧돼지 머리를 들고 현장으로 오는 분도 있어요. 지역마다 사냥 허가권을 갖고 계신 분들이 있는데, 멧돼지 머리는 인기가 없으니까 '선물'로 들고 오는 거죠. 언젠가는 큰 머리, 작은 머리 한 가족의 멧돼지가 다 온 적도 있어요.(웃음) 삶아 먹으면 아주 맛있는데 꼭 한약 같아요. 육질도 쫄깃쫄깃하고 향도 좋아서 일반 돼지머리 고기를 먹으면 싱겁게 느껴지더라고요. 그렇게 솥을 걸어놓고 일했는데 지금은 작업환경도 많이 바뀌었지요. 목수들이 이곳에 오면 좋아해요. 세상에서 제일 좋은 작업장 같다고. 나무로 만든 넓은 작업장에 청보리도 보이고 명아주밭도 보이니 좋지요. 꿈이 있다면 작업장이 더 넓어서 원하는 만큼 많은 목재를 더 잘 말리는 거예요."

　　부부의 하루는 단순하다. 남편은 아침 일찍 작업장으로 출근하고, 아내는 사무실에서 도면을 펼쳐놓고 최적의 솔루션을 고심한다. 나무를 갖고 오는 동네 어르신의 부탁에도 기꺼이 시간을 할애한다. 도마도 만들어드리고, 소 키우는 이웃집 어르신을 위해서는 대팻밥과 톱밥을 담아드린다. 젊은 부부의 그런 마음 씀씀이가 고마워 어르신들은 푸성귀와 달걀까지 다양한 먹을거리를 아낌없이 나눠준다. 한옥 짓는 솜씨와 마음 씀씀이가 점점 알려지면서 부부는 예전보다 바쁜 나날을 보내고 있다.

집과 목재소가 나란히 붙어 있는 모습. 먼 발치에서 봐도 언제나 든든하게 와 닿는다.

건축가 최민욱

창신동 세로로 주택

토지 매입부터 시공까지, 3억 원으로 이룬 기적

스몰러 아키텍츠의 최민욱 건축가. 2019년, 10평 땅에 올린 5층짜리 집으로 건축계는 물론 '서울에 내 집을 갖는 것이 가능할까?' 고민하던 이들에게 신선한 충격을 안겼다. 모든 공간의 바닥 면적과 높이를 사전에 완벽하게 계산하고 모든 가구와 집기를 그에 딱 맞춰 들여놓은 집은 생각보다 작아 보이지 않았고 기대보다 더 아름다운 결과물로 많은 이의 지지를 받았다. 그를 인터뷰하며 이 정도의 꼼꼼함과 집요함이라면 비좁은 땅에 올리는 집의 설계도 기꺼이 맡길 수 있겠다는 생각이 들었다. 본인이 직접 살기 위해 지은 집이 스포트라이트를 받으면서 그간 많은 집들을 설계했고 그만큼 노하우도 많이 쌓았다. 인하대학교 건축학과 및 동 대학원을 졸업했으며 프랑스 파리에서 공부했다. 일본 반 시게루 건축사사무소와 한국의 바우건축 및 정림건축에서 실무를 익혔으며, 이후 '스몰러Smaller 아키텍츠'를 오픈, 작지만 더 나은 공간에 집중하고 있다. www.smallerarchitects.com

30~40대 세 명만 모이면 나오는 이야기가 '부동산' 이슈다. 누군가는 돈을 벌고 또 누군가는 화병을 얻는 만인의 레이싱. 가격은 끝없이 오르고 수요는 들끓는 덕분에 시쳇말로 영혼까지 끌어모아(영끌) 투자하는 사람도 많다. 그러는 사이 아파트는 도저히 소유할 수 없는 먼 존재가 되어간다. 올해 초 KB국민은행이 발표한 서울 아파트 중위 가격(주택 매매가격을 순서대로 나열했을 때 중간에 있는 가격) 추이를 보면 2023년 2월 현재 그 가격은 9억 9천3백만 원에 달한다. 서울의 평균 아파트 가격이 9억 원을 넘는다는 소리다. 2018년 1월에만 해도 7억 5백만 원이었는데 5년 만에 10억 원에 육박하는 금액이 되었다. 성큼성큼 뛰어오르기만 하는 아파트 가격을 생각하면 아득하기만 하다.

건축가 최민욱도 마찬가지였다. 지금은 아내가 된 여자 친구와 살 집을 찾아야 하는데, 손에 쥔 돈으로는 도무지 엄두가 안 났다. 친구의 하소연을 들으니 더욱 절망적이었다. "어느 날 친구와 술을 마시는데 친구가 그러더라고요. 전세금 4억 5천만 원으로도 마땅히 들어갈 집이 없다고. 저는 그만한 돈도 없을뿐더러 평생 벌 수도 없을 것 같았어요. 다른 방법을 찾아야 했지요."

이런저런 방법을 모색하다 그는 직접 집을 짓기로 결정했다. 집을 짓는다고 하면 으레 엄청나게 큰돈이 들어가는 줄로 알지만, 어떤 땅에 어떤 집을 짓느냐에 따라 비용은 천차만별이다. 건축가 최민욱이 각 층의 면적이 5평 남짓인 5층짜리 협소 주택을 짓는 데 들어간 돈은 약 3억 원. 취재를 두 차례나 했는데도 여전히 비현실적으로 와닿는 금액인데, 세부 비용을 따져보면 땅을 사는 데 1억 원(2006년 땅을 먼저 구입했다), 집을 짓는 데 2억 원이 들었다. 부지는 10평. 평당 가격은 약 1천만 원이었다. 서울에 평당 매매가격이 1천만 원인 땅이 있다니 그것부터가 놀라웠는데, 그 땅을 찾기 위해 오랫동안 발품을 팔아야 했다. "땅을 진짜 많이 보러 다녔어요. 집을 올린 창신동 일대는 재개발 이슈가 있다가 흐지부지된 곳이라 가격이 낮게 형성돼 있었어요. 부동산을 통해 그 땅을 처음 알게 됐는데, 부동산 사장님도 10평 땅에 무슨 집을 짓겠냐?며 놀라시더라고요. '쓸모없는 땅'으로 간주되니 가격이 더 쌀 수밖에 없었지요."

꼼꼼히 살펴보니 10평 땅은 이점도 있었다. 건축법에는 옆에 있는 건물의 일조권을 보호하기 위해 인접 대지 경계선에서 일정 부분을 띄워야 하는 일조권사선제한이란 규정이 있는데, 다행히 주변에 맞닿은 건물이 없어 높이를 5층까지 올릴 수 있었다. 그렇게 각 층의 면적이 5평인 5층짜리 집이 지어졌다. "그게 가능해?" 하고 긴가민가하던 주변 사람들은 그가 끝내 집을 짓자 우스갯소리로 이렇게 말했단다. "최 소장, 돈 없어서 집 짓고 살잖아."

공간 크기는 생각보다 중요하지 않다

'세로로'가 완공된 때는 2019년 3월. 세로로 길쭉한 흰색의 깔끔한 집은 완공 소식을 알리자마자 세간의 화제가 됐다. 그도 그럴 것이 이런 곳에 어떻게 집을 짓느냐는 걱정

1 손에 잡힐 듯 가까운 녹음을 만끽하며 식사를
하고 와인을 마시는 시간은 이 부부가 가장 좋아하는
일상의 쉼표다.
2 다이닝 테이블은 이 공간에 놓을 수 있는 가장 큰
몸체의 것을 골랐다. 덕분에 친구들과도 자주 좋은
시간을 갖는다.

1 모든 창문으로
녹음이 넘실대는 집.
계절과 풍경을 얻을
수 있다면 물리적
규모는 좀 아쉬워도
상관없다는
마음으로 설계했다.
2 부부의 작업실.
아래층에 자리해
나무 밑동이
생생하게 보인다.

이 무색하게 세로로는 충분히 좋아 보였기 때문이다. 5층에는 작게나마 발코니도 만들었는데, 부부가 이곳에 나와 손 흔드는 모습을 드론으로 찍은 사진은 "와!" 하고 탄성을 불러일으키기에 충분했다.

그 집을 처음 갔을 때의 기억이 새록새록 떠오른다. 주택가 골목을 지나 제법 경사진 오르막을 오르니 저 위에 흰색 집이 눈에 들어왔다. 환하고 흰했다. 건물 뒤로 무성하게 우거진 숲이 넘실대는 모습도 근사했다. 인접한 땅을 요령 있게 잘 사용하면 차를 두 대나 댈 수 있다는 사실도.

계단을 올라 2층에서 벨을 눌렀다. 깔끔한 인상의 최민욱 소장이 문을 열어주었고, 자연스레 층별 구조에 대한 안내가 시작되었다. 솔직하게 말하자면 각 층별 공간이 넓다고는 못 하겠다. '좁긴 하구나' 하는 생각도 들었다. 하지만 2층에 있는 넓은 테이블에 앉아 숨을 고르고 차분히 물을 마시고 있자니 점점 아늑하다는 기분이 들었다. 화장실도 두 개나 있고, 그중 한 곳에는 발을 쭉 뻗을 수 있는 욕조도 설치했다. 욕실의 사각 창문으로는 초록 숲이 아른거렸다. 침실도 근사했다. 맞은편으로 시선에 걸리는 것이 하나도 없어 창문을 열면 파란 하늘과 흰 구름이 와락 펼쳐졌다.

가장 큰 매력은 역시 풍광이었다. 2층부터 5층까지 모든 공간에서 서울성곽 아래쪽의 잡목림이 손에 잡힐 듯 가깝게 보였다. 숲 쪽으로 최대한 크게 낸 창으로는 비탈을 빼곡하게 채운 나무가 넘실대 답답하다는 느낌이 들지 않았다. 그렇게 뻥 뚫린 전망은 시야를 확장하면서 실제보다 더 넓은 공간에 있는 듯한 기분을 자아낸다. 공간을 최대한 넓게 쓰기 위한 보이지 않는 전략과 노력도 곳곳에 숨어 있다. "저희 집에 있는 가구는 거의 모두 이케아에서 구입했어요. 설계할 때부터 이케아에서 가구를 둘러보고 부분부분 치수까지 정확히 체크한 다음, 거기에 맞춰 공간을 구획했어요. 그렇게 하지 않으면 공간이 안 나오니까요.(웃음) 협소 주택을 지을 때는 가구 반입도 고려해야 해요. 이 부분을 미리 생각하지 않으면 집을 다 지어놓고 가구를 못 들여놓는 불상사가 생기기도 합니다. 저는 시스템 창호 문을 통해 가구를 들여놨어요. 독일에 살라만더Salamander라는 시스템 창호 브랜드가 있는데, 시중에 나와 있는 창호 문 중 거의 유일하게 가운데에 바bar가 없어요. 창문이 양쪽으로 활짝 열리는 거죠. 단열 성능도 뛰어나고요."

집을 짓다 보면 단열재를 집 안에 넣느냐, 집 바깥으로 대느냐를 결정해야 한다. 집이 작을수록 건물 바깥으로 단열재를 두르는 외단열을 권하는데, 바깥으로 튀어나오는 단열재 부분을 '면적'에 포함시키지 않아 그만큼 내부를 넓게 쓸 수 있기 때문이다. 내단열과 비교해 단열 성능도 더욱 뛰어나다. "외단열에도 여러 가지 방법이 있는데, 저는 스타코 플렉스stucco flex라는 재료를 썼어요. 탄성이 있는 실리콘 계열의 재질이죠. 시간이 지나면 집 외부에 조금씩 갈라짐 현상이 나타나는데, 이 재질은 고무줄처럼 늘어나서 그런 크랙을 효과적으로 방지해줘요. 그 자체로 마감재를 대신해 따로 마무리 공정이 필요 없기도 하고요."

나의 라이프스타일에 맞는 집이 최고로 좋은 집

그런 이야기를 들으면서 나는 그가 어떻게 이 작은 땅에 집을 지을 수 있었을까? 처음부터 어떤 확신이 있었을까? 궁금했다. 아무리 건축가라지만 5평이라는 땅은 그 역시 가본 적이 없는 미지의 크기였을 테니. "한동안 줄자를 끼고 다녔어요. 5평이 대체 어느 정도 크기인지 저도 감이 안 오더라고요. 작은 공간에 가면 가로세로 길이를 재면서 그 크기를 몸으로 느껴보려고 노력했어요. 땅을 고르고 기초공사를 한 뒤 콘크리트를 부었을 때는 수시로 현장을 드나들며 걸어보고, 앉아보고, 둘러보고 하면서 여기에 싱크대가 들어가니까… 하는 식으로 시뮬레이션을 했어요. 그러다 보니 충분히 살 수 있겠다는 확신이 들더라고요. 사실 저희에게 중요한 건 큰 집이 아니라 라이프스타일에 맞는 집을 찾는 거였어요. 연애 시절부터 우리는 자연을 좋아했어요. 어디 유명한 호텔에 가는 것보다 와인과 간단한 먹을거리를 챙겨 공원으로 산책 가는 걸 더 즐겼고요. 그런 성격과 취향 덕분에라도 이 집이 좋아요. 집에 둘 수 있는 가장 큰 식탁을 들인 것도 창문으로 숲을 바라보며 와인을 마시기 위해서입니다. 친구들도 자주 모이고요."

대한민국에서 아파트는 만인의 연인인 듯 보이지만 모두가 그런 형태의 집을 좋아하는 건 아니다. 최민욱 소장 부부도 마찬가지. "집 바로 뒤로 올라가면 서울성곽길이 이어지고 그 길을 따라 산책로가 조성되어 있어요. 10분만 걸으면 낙산공원까지 가닿지요. 좀 더 걸어가면 성북동도 나오고 대학로 마로니에 공원도 갈 수 있어요. 일요일에는 천천히 걸어서 광장시장에 가기도 해요. 걸어서 15분이면 충분한 거리지요. 지난 주에도 거기에 가서 빈대떡을 사 먹고 왔네요.(웃음) 코로나19 시대엔 집에 있는 시간이 점점 중요했는데 이런 집에 살고 있어서 그나마 덜 답답하고 좋았어요. 공원 산책 한번 마음 편히 못하고 집 안에만 있어야 한다고 생각하면 우울했을 것 같습니다."

단독주택에 살면 이런저런 이야기가 쌓인다. 그 이야기의 주연이 새나, 고양이, 강아지일 때도 많다. 세로로 역시 마찬가지. 최근 집 밖에서 어슬렁거리며 최민욱 소장 부부와 밀당을 하던 고양이가 아예 입주해 함께 살기 시작했는데, 이 고양이에게 부부는 본인들이 좋아하는 와이너리에서 모티프를 얻어 '꽁띠'라는 이름을 붙여주었다. 전 세계에서 가장 유명한 와인 레이블 중 하나인 로마네 꽁띠의 줄임말이다. 부부는 최근 꽁띠를 중심에 두고 인테리어까지 바꿨다. 2층을 서재 겸 사무실로 썼는데, 집기들을 새로 구한 사무실로 옮기고 그 빈자리에 꽁띠를 위해 캣 타워를 설치해주었다. 최민욱 소장은 "가족 구성원이 바뀌었으니 미땅히 그래야죠"라며 웃었다. 꽁띠랑 같이 창밖을 보고 있으면 시간이 얼마나 잘 가는

지에 대해서도 자랑을 했다.

창신동에 협소 주택을 지어 들어온 지도 어느덧 4년이 넘었다. 단독주택에 살아보니 본인들의 라이프스타일이 더욱 선명하게 보인다. 어떤 것을 좋아하고, 어떤 시간을 꿈꾸며, 어떤 분위기에 있을 때 더 편안하고 행복한지. 다음 집에 대해서도 더 자주 생각하게 된다. "두 가지 꿈이 생겼어요. 하나는 좀 더 큰 집에 살아보고 싶다는 꿈입니다. 가끔 집에서라도 운동을 하며 몸을 풀고 싶을 때가 있는데 공간이 좁으니 불편할 때가 있더라고요. 마당과 옥상이 있으면 꽃도 가꾸고 고기도 구워 먹을 텐데 하는 아쉬움도 있고요. 또 다른 꿈은 그 반대 지점인데, 지금보다 더 작은 집을 설계해보고 싶어요. 집의 면적이 15평 미만이면 주차장을 만들지 않아도 되거든요. 작은 집에 살아보니 전망만 시원하게 뚫리면 심하게 답답함을 느끼지 않으면서 살 수 있는 것 같아요. 이 집을 짓는 데 (땅값을 제외하고) 약 2억 원이 들었는데, 그렇게 작은 집이라면 1억 원 후반대로도 지을 수 있지 않을까 싶습니다. 언젠가 꼭 도전해보고 싶어요."

그에게 좋은 집이란 어떤 것일까? "간단합니다. 나의 라이프스타일에 맞는 집이지요." 아파트가 맞으면 아파트가 최고의 집이고, 한옥에서 행복하다면 한옥이 나를 위한 집이 되는 것이다. 그런데 대한민국에서는 약 69%의 인구가 빌라와 아파트를 포함한 공동주택에 산다. 최민욱 소장처럼 자기 라이프스타일에 맞는 집을 찾아 나서는 사람이 많아질 때 아파트 가격도 꺾일 듯한데, 한국처럼 노후의 삶이 불안한 나라에서는 여전히 쉽지 않은 문제다. 그렇기에 이런 시도와 결단, 그리고 용기가 반갑다. 이 땅의 청춘들에게 집에 대한 하나의 솔루션을 제공해준다는 것만으로.

건축가 김학중

평창동 고지에 지은 삼층집

무용한 땅이라서 더 그림 같던 자연

김학중 건축가는 안과 밖 모두를 책임진다는 의미의 '안팍건축설계사무소'와
인테리어 디자인 스튜디오 '3025'(@3025.kr)를 이끄는 수장. 집은 물론 사옥과
근린생활시설까지 다양한 건축물 설계의 경험이 많다. 설계는 물론 시공과
인테리어까지 논스톱으로 진행 가능하다는 것이 가장 큰 장점. 인테리어 사업 부문을
갖추고 있어 외부와 내부를 유기적으로 통합, 조화시킬 수 있다. www.ahnpaak.com

계단을 공간 중심에 배치해 한층 입체적이고 구조적인 모습이 됐다.

"아이고! 계속 올라가네요."

택시를 타고 취재처로 올라가는 길. 택시 기사분이 "눈 오면 운전도 힘들겠다"며 걱정스럽게 말한다. 그도 그럴 것이 차는 굽이굽이 좁은 길을 따라 계속 올라갔다. 힘들 겠다는 그 말에 공감이 되면서도 또 한편으로는 '전망이 끝내주겠다' 하는 생각이 들었다. 역세권이 지존인 서울이지만 어떤 사람에게는 탁 트인 전망이 더 중요하다. 나 역시 이 같 은 부류의 사람으로 평지(비싸기도 하지만)에 있는 집에는 희한하게 마음이 안 움직인 다. 덕분에 오랫동안 다리가 고생이지만.

그리고 마침내 당도한 아담한 주택. 1층 거실 창문에서 바라보는 풍경이 통쾌하리 만치 시원했다. 비탈진 빈 땅에 소나무와 아카시아나무가 군락을 이뤄 호젓하고 한적한 숲을 만들고 있었다. 눈 오고 비 오면, 아니 사계절의 마디마디가 얼마나 좋을까 싶었다. "원래 이곳이 건축 행위가 금지된 원형 택지 구역이었거든요. 지구 단위 계획이 수립되지 않아 땅값이 저렴했어요. 신혼 때 부암동 단독주택에서 전세살이를 했는데, 어느 날 이 땅 이 눈에 들어오더라고요. 당시에는 무용한 땅이었지만 도로와 인접한 곳이라 언젠가 개 발 제한이 풀릴 수도 있겠다 싶었어요. 마음의 결정을 하기 전 몇몇 부동산에 들렀는데, 죄다 반대했어요. '개발 기다리다 죽은 사람 여럿이다'란 말까지 들었어요.(웃음) 당장 살 집이 있으니 훗날을 기약하자, 하는 마음으로 샀지요. 그런데 운 좋게도 몇 년 있다 개발 제한이 풀린 거예요. 그때는 정말로 로또라도 당첨된 기분이었어요."

흥미진진한 부부의 이야기는 계속됐다. "로또가 아니었던 것이 집을 지으면서 고 생을 정말 많이 했어요. 일단 완전한 개발 허가가 아니었어요. 이곳 용적률이 50%이거든 요. 그런데 대지의 20% 정도는 자연 상태 보존 지역이라 건드릴 수가 없었어요. 바닥 면 적이 165㎡(약 50평)이니 33㎡(약 10평)가 내 땅이 아닌 거죠. 10평을 손해 보고 시작하 니까 집이 작아질 수밖에 없었어요. 경사지라 골조를 세우기도 어려웠고요. 집을 다 지은 후 공사 과정에서 망가진 땅을 원상 복구한 후에야 준공 허가를 받을 수 있었습니다. 구청 에도 여러 번 가고 서류 작업도 정말 많았어요."

부부가 집을(사무실이 딸린 건물 포함) 지은 것은 이번이 세 번째. 김학중 소장은 '이제 정말 그만하고 싶다'며 고개를 절레절레 흔들었지만 나도, 아내인 하초희 씨도 그 말을 믿지는 않았다. 집 짓기도 중독(좋은 의미에서)이니까. 살다 보면 안 좋은 기억은 다 사라지고 좋은 기억만 남으면서 '이번에는 잘 지을 수 있을 것 같다'는 포부와 의지가 샘 솟는다. 그리고 그렇게 집 짓는 여정은 다시 시작된다.

경사지를 활용한 전략적 설계

힘들고 불리하고 열악한 여건에서 지은 집은 덕분에 알뜰하고 재미있었다. 크기 부터 정리하자면 1층이 66㎡(약 20평), 2층이 56㎡(약 17평), 다락방이 39㎡(약 12평). 현관은 입면 도로에서 보면 지하 1층에 있다(1층이라고 해도 되지만 이곳에 가려면 주차

노출 콘크리트와 합판 마감이 담백한 조화를 이루고 있는 내부. 사이사이 작은 창으로는 자연이 들어온다.

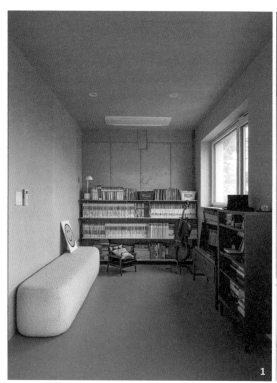

왼쪽 주방 아일랜드 식탁 옆 공간. 벽에 건 그림은 음하영 작가 작품이다.
1 또 하나의 거실이자 취미방으로 활용하는 2층 공간. 창 너머로 사시사철 녹음을 즐길 수 있다.
2 아이들 화장실은 컬러풀한 타일로 포인트를 줬다.

1층의 모서리 공간. 바로 옆에 가로로 긴 통창이 있어 사시사철 계절을 즐길 수 있다.

3층에는 두 아이의 방이 화장실을 사이에 두고 나란히 자리를 잡고 있다.

경사지에 지은 집.
마당 공사 전의
모습이다.

를 한 뒤 아래쪽으로 난 계단을 따라 땅 밑으로 들어가야 한다). 세 개 층 중 가장 넓은 곳으로 단차를 이용해 거실과 주방 공간을 분리했다. 남향으로 낸 창문은 배드민턴 코트만큼 크고, 그 너머로 숲이 펼쳐져 눈도 가슴도 '웅장하게' 시원하다. 유독 사랑스러운 공간은 현관 왼쪽에 마련한 더스트룸dust room. 말 그대로 먼지가 많이 묻는 외투며 신발을 보관하는 곳으로, 한쪽에 작은 개수대까지 마련한 것을 보니 "평면을 진짜 여러 번 뒤집었다"던 김학중 건축가의 말이 실감 났다. 중학교 1학년 딸, 초등학교 3학년 아들, 그리고 엄마, 아빠의 옷과 신발은 야외 활동을 즐기는 캐나다 가족의 그것처럼 그득그득했다. 말 없는 옷과 신발이 "평창동에 살면 이 정도쯤은" 하고 말하는 것 같아 덩달아 건강하고 상쾌한 기분이 되었다.

　　　2층은 가족 공용 휴게실과 안방, 그리고 옷방으로 꾸몄다. 휴게실에서는 책도 보고 영화도 보는데, 밖으로 펼쳐진 녹음이 1년 내내 바탕 화면처럼 깔린다. 창호는 PVC 재질로 택했다. 알루미늄 재질보다 가볍고 단열도 잘되기 때문이다. "지난 겨울에 추운 날이 정말 많았잖아요. 눈도 많이 오고, 에너지 이슈도 있고요. 그런데 세 개 층 가스비가 29만 원 나왔어요. 구기동에 살 때는 40만~50만 원이 나오고, 세검정 주택에 살 때도 45만 원 정도 나왔던 터라 고지서 금액이 신선했어요.(웃음)" 단독주택에 산다고 하면 "춥지 않냐?"고 묻는 경우가 많은데 그것도 옛말. 단열 규정이 강화되면서 추운 집은 이제 없다고 해도 무방하다. 2층 역시 구석구석 재미있는 부분이 많다. 휴게실과 면한 곳에는 작은 화장실을 넣었고, 옷방 맞은편으로 세탁기와 건조기를 올리고 그 옆으로 욕실을 두었다. 옷을 벗고 빨 옷은 세탁기에 넣은 후 바로 샤워실로 들어가는, 물 흐르듯 자연스러운 구조랄까? 옷방에서도 전략이 빛났다. 저 안쪽으로까지 수납공간이 이어질 만큼 방을 크게 빼철 따라 옷을 꺼내고 정리하는 번거로움을 없앴디.

계단, 공간을 가로지르는 설치미술

3층으로 가기 전, 계단에 대한 이야기를 하고 싶다. 단독주택에서는 계단을 보조 시설이라 여기는 경우가 대부분이다. 당연히 지분도 적어 한쪽에 몰아붙이거나 나선형으로 만든다. 이곳은 다르다. 다락방까지 3개 층을 연결하는 중앙에 계단을 넣고 폭도 넓게 빼 오르락내리락하는 동선과 기분이 좀스럽지 않다. 계단 덕분에 왼쪽과 오른쪽 공간을 확연하게 구분할 수 있고, 집 구조도 한층 유기적이고 입체적으로 바뀌었다. 덕분에 어디서 찍어도 사진이 잘 나온다. 계단이 설치미술 같은 역할을 하는 것. 자주 쓰는 공간에는 응당 그에 맞는 지분을 주는 것이 옳다.

자, 이제 마지막 공간으로 가볼까? 바로 다락방. 계단을 중심으로 양쪽으로 자리한 다락방은 딸과 아들을 위한 방으로 각각 꾸몄는데, 책상 역할을 하는 긴 테이블을 합판으로 짜 넣어 공간 손실을 최소화했다. 아이들이 자는 침대 옆으로 작은 창문을 낸 것도 사랑스럽다. 그중 최고는 덱과 연결된 발코니 창. 다른 곳과 비교해 크기가 작아 아이들도 조금만 힘을 주면 쉽게 열 수 있는 미닫이문을 한쪽으로 밀면 목재로 마감한 테라스가 펼쳐지고, 작은 숲이 아이들을 반긴다. 이런 곳에서 유년을 보낸 아이들은 얼마나 말랑말랑한 감성을 지니게 될까?

볕 잘 드는 언덕 집에서 부부는 행복하다고 했다. 특히 아내의 만족도가 높았는데 "평소 집을 생각하며 꿈꾸던 로망이 모두 실현된 집"이라고. 취재를 하다 보면 유독 아내에게 사랑받는 남편이 있는데 첫째가 목수. 살림살이며 공간을 뚝딱 만들어주니 절대적 사랑을 받더라. 또 다른 직군이 건축가. 가구를 넘어 집까지 지어주니 또 하나의 '넘사벽'이다. 올라가는 길이 살짝 험준했지만 구석구석 신경 써 잘 지은 집은 기능적·미적으로 든든하고 아름다웠다. 그들이 다시 집을 짓는다면(지을 것이라 확신한다) 터는 그때도 표정이 풍부한 고지高地일 것 같다.

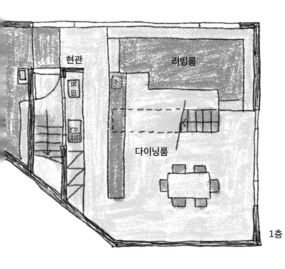

1층

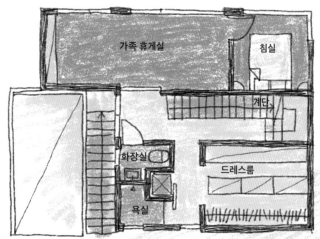

2층

건축가 최욱

건축가 최욱·설치 미술가 지니 서의 부암동 자택

오두막 두 채로 찍은 화룡점정

원오원 아키텍츠의 대표이자 한국을 대표하는 건축가 중 한 명인 최욱.
2006년 베니스 비엔날레, 2007년 선전-홍콩 비엔날레에 초대되었고 학고재갤러리,
현대카드 디자인 라이브러리, 현대카드 영등포 사옥 등 다양한 카테고리의 건축물을
포트폴리오로 갖고 있다. 2022년 충북 진천에서 열린 <하우스비전>에서는 모듈로
증식 가능한 오두막을 선보이기도 했다. 집과 함께 인연을 맺은 건축주도 많은데 그와
작업한 이들은 작은 부분까지 최욱 소장이 직접 챙겨 만족도가 높았다고 이야기한다.
'시간이 만드는 집'을 모토로 주변 환경과 당당하고 조화롭게 어우러지는 공간을
추구한다. www.101-architects.com

건축가 최욱의 사랑방 겸 서재. 이곳에서 그는 감성을 채우고 '크게' 존재하는 법을 배운다.

건축가 최욱의 집은 부암동 산자락에 있다. 좁고 가파른 골목길을 몇 번이나 꺾어 들어가며 올라야 한다. 사륜구동 시스템을 장착한 아우디 같은 자동차 브랜드가 기자들을 초청해 선보이는 시승 코스보다도 더 험난한 길. 나처럼 운전 실력이 변변치 않은 이라면 맞은편에서 차가 내려오지 않을까 가슴이 콩닥거릴 것이다.

그렇게 도착한 집은 한마디로 '우와!'다. 산자락 한편이 고스란히 나의 정원과 숲이 되는 풍경. 산언덕 곳곳에는 벚나무, 물박달나무, 계수나무, 소나무가 가득하고 계절마다 산수유와 진달래, 작약이 피고 진다. 그 너른 자연의 품에 크고 작은 건축물 네 채가 들어서 있다. 한 채는 침실과 주방, 욕실을 중심으로 한 공간이고, 다른 한 채는 서양화가이자 설치 미술가이며 최욱 건축가의 아내인 지니 서의 작업실이다. 하이라이트는 나머지 두 채. 건축가 르코르뷔지에가 노년에 살던 네 평 크기의 오두막보다도 작은 공간으로 한 곳은 지니 서를 위한 '명상의 방'이고, 또 한 곳은 최욱 대표의 '사랑방'이다.

지니 서가 남편에게 선물로 받은 명상의 방은 철판과 나무로 마감한 삼각형 집. 내부에는 그녀가 디자인한 서안 한 개만 놓았을 뿐 다른 집기는 일절 두지 않았다. "작품 스케치를 하거나 책을 읽고 싶을 때 이곳에 올라오는데, 내려갈 때는 가져온 물건을 다 가지고 가요. 비웠을 때 더 아름다운 집이거든요. 높은 곳에 자리해 해가 뜨고 질 때도 정말 예뻐요." 현대카드 디자인 라이브러리, 학고재갤러리와 두가헌, 백남준기념관 등을 통해 극강의 미감을 보여준 최욱 건축가 역시 자신의 사랑방을 가장 좋아하는 공간으로 꼽았다. "한국에는 정자亭子 문화가 있잖아요. 색다른 시간과 풍경이 흐르는. 이곳이 제겐 정자 같은 곳이에요." 정자에 대한 짧은 강의도 이어졌다. "중국은 정자를 정원 안에 뒀고, 일본은 은밀한 곳에 두어 폐쇄적 느낌이 강한데, 한국은 경치 좋은 곳에 툭툭 놓았어요. 조선 왕실에서는 왕세자를 교육하기 위한 장소를 따로 두었는데, 정자처럼 규모가 작아요. 대신 기세 좋은 드넓은 자연이 펼쳐지지요. 삶은 검소하되 야망은 크게 지니라는 교육이었어요. 한국의 건축은 기술이라기보다 철학에 가까워요."

인색하지 않은 쾌남, 선택과 집중에 강한 파트너

이 집을 최욱 건축가는 "느낌이 와" 매입했다. 대문 안쪽으로 비치는 자연과 높낮이가 있는 지세에 마음을 뺏겨 집을 본 다음 날 바로 계약했다. 집값은 흥정하지 않았다. 오는 길이 험난하니 잘만 하면 몇천만 원은 깎을 수 있었을 텐데, 내 일처럼 아쉬워하는 눈빛을 보고 지니 서가 말했다. "남편은 뭘 살 때 가격을 안 깎아요.(웃음)" 이 집에 오기 전 그와 함께 일하는 몇몇 지인을 통해 '탐문 수사'를 했는데 많이 들은 말이 "인색하지 않다"였다. 그가 발행한 건축 잡지 <도무스>의 원고료는 업계에서 가장 높은 수준이었다. 미감美感의 기초는 미감味感, 맛있는 걸 잘 먹고 살아야 좋은 건축도 나온다고 생각해 몇 해 전에는 한식당 지화자에 있던 셰프를 영입해 식원 식당 '또'를 오픈했디.

집을 구경하는 시간은 마을 순례와 비슷했다. 딸기와 커피로 취재진을 환대한 최

1 히노키 욕조에 들어가지 않으면 창문을 통해 앞뜰이 보인다. 계단을 올라 욕조로 향하게 한 디테일이 근사하다. 2 야트막한 언덕 위에 최소한의 크기로 마련한 최욱 소장의 서재.

벽면마다 책이 그득한 부부의 공간. 이탈리아 유학에서 돌아온 최욱 건축가는 몇 년간 책 속에
파묻혀 살다시피 했다. 종일 영화만 보던 시절도 있었다.

욱 대표는 현관을 나서며 신발 끈을 매고 앞장섰다. 돌계단을 오르고, 나무숲을 지나며 하는 집 구경이라니. 암반수가 똑똑 떨어지는 사각 우물 옆에 만든 와인 저장고, 상부를 삼각형으로 높게 처리하고 안팎을 철판과 나무로 마감한 명상의 방, 산 중턱에 자리 잡은 가로 3.3m, 세로 4.7m의 사랑방 모두 인왕산을 뒤에 두고 북한산과 북악산, 남산을 굽어보는 구도였다. 그리고 어디를 가나 책, 책, 책. 안락함은 아름다움과 책에서 온다고 믿는 이의 공간 같았다.

지니 서는 이 집의 훌륭한 건축주 역할을 했다. "각각의 공간은 하나의 목적에만 충실하면 좋겠다고 이야기했어요. 주방과 욕실은 전망이 좋아야 한다, 침실은 잠자는 목적에 충실한 공간이어야 한다, 천창이 있으면 좋겠다 하며 가장 중요한 것을 알려줬지요."

애교도, 웃음도 많은 그녀는 "남편이 건축가라서 좋긴 해요"라며 웃었다. 자신을 "내성적"이라 평가하는 최욱 대표는 은근한 유머 감각이 있었다. 정원 한편의 물확을 보고서는 "봄이면 이쪽으로 개구리 두 가족이 와요. 몇 년째 오는데 제가 얼굴도 알아요"라고 했고, 지니 서의 작업실이 본채보다 따뜻하다고 하자 "자기 공간은 이렇게 해놔요"라며 웃었다.

일상과 단절된 풍경을 만난다는 것의 의미

건축가에게 집은 건축에 관한 생각을 구현한 실증이자, 설계의 확신을 갖게 하는 기점이 된다. 최욱 건축가는 이 집에서 한국 건축의 멋을 다시금 확인한다. "다른 나라의 공간은 벽이 중심이에요. 일본만 해도 벽을 중심으로 공간 안에 또 다른 공간이 있는 '겹집'이 많지요. 한국 건축은 벽이 최소화된 구조예요. 문을 열면 바로 자연이죠. 한옥은 마당이 중심인데, 마당에 빛이 떨어지면 시선이 자연스럽게 그쪽으로 가고, 몸도 그리로 움직이게 되지요. 그렇게 계절을 느껴요. 통도사처럼 오래전에 지은 건축물을 보면 대단히 아름다워요. 특히 기단이 그래요. 건물의 기초가 되는 것이니 일본이나 중국도 다 만들었겠지만, 한국은 그저 다지는 것이 아니라 디자인을 해요. 지형에 맞게 높낮이도 조절하고, 때에 따라 선도 삐딱하게 처리하지요. 그렇게 만든 기단은 그 위를 걷는 사람들의 움직임을 입체적이고 아름답게 만들어요. 지극히 자연스러우면서도 극적 모습으로요. 한국 건축에는 그런 여유와 깊이, 멋이 있어요."

그 멋과 담대함은 내가 거주하는 공간을 작게 만드는 것으로도 누릴 수 있다. 집이 작아지면 자연에 더 많은 공간을 내주거나 한 뼘 정원을 만들 수 있고, 그곳에서 보내는 시간은 편안하고 느긋한 일상을 선물한다. 이 개념의 끝에 그가 새로운 컨셉으로 선보인 모듈 하우스가 있다.

프로젝트의 핵심 구조물은 가로세로 2.3m의 정사각형 모듈. 어떻게 배치하느냐에 따라 이층집도, 가로로 긴 집도 된다. 원하는 대로 만들어 초록 자연에 별장으로 툭! 삶의 즐거움이자 운치가 될 이 미니 하우스의 결과물은 공개되자마자 많은 이들의 로망이

아내이자
설치미술가 지니
서를 위해 지어준
다실 겸 명상의 방.

이 부부가 멋진 이유는 집이 부암동 산자락에 있어 운전을 해 오르내리기가 불편하지만 그런 것을 별것 아닌 일로
치부해버리는 담대함 때문이다. 대문 안으로 비치는 자연과 지형에 끌려 최욱 건축가는 집을 본 다음 날
바로 매매계약서를 썼다. 집값은 1원도 깎지 않았다.

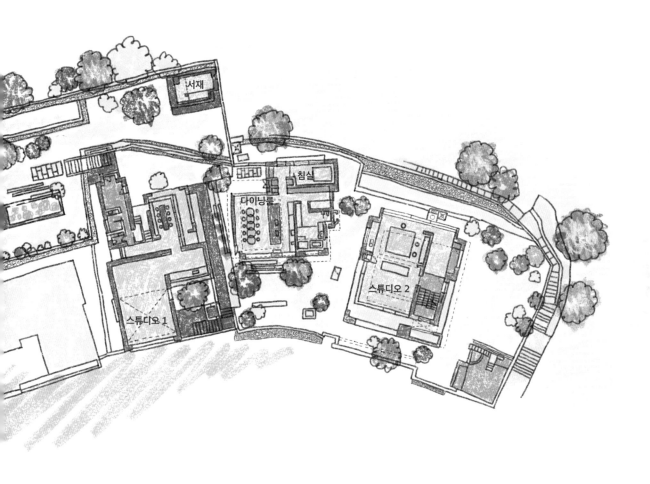

서재

침실

다이닝룸

스튜디오 1

스튜디오 2

1 다이닝 룸 선반 위에
올린 오브제들. 저마다
작은 건축물처럼
조형미가 뛰어나다.
2 스튜디오 꼭대기에
있는 공간. 우측에
뚫은 사각창 너머로
부암동 일대의 전경이
진경산수화처럼
아스라이 펼쳐진다.

되었다. "<행복이 가득한 집> 발행사인 디자인하우스 이영혜 대표님이 의견을 주셨어요. 별장이라고 하면 으레 크게 지어야 한다고 생각해 부담을 느끼는데, 작고 만들기도 쉬운 집을 지으면 얼마나 좋겠냐고. 시골길에 있는 과일 노점상도 '작은 집'이 될 수 있으니 샘플을 만들어보자고요." 모듈식 구조로 필요에 따라 주방이나 침실 모듈을 추가하며 공간을 넓힐 수 있다. 친구들끼리 자금을 모아 마련해놓고 돌아가며 이용할 수도 있을 것이다. "한국은 작은 나라지요. 2~3시간만 이동해도 산과 바다로 갈 수 있는데, 이렇게 짧은 시간에 일상과 완전히 단절된 풍경을 향유할 수 있다는 건 대단한 행운이에요."

이 프로젝트에 관한 이야기를 처음 들었을 때 나는 최욱 대표가 과연 비용을 절감하기 위해 그의 상징과도 같은 품질과 미감, 디테일을 포기할 수 있을까 싶었다. 현대카드 디자인 라이브러리를 설계하며 이용자의 편안한 독서를 위해 바닥 패턴을 없애고, 일반 유리보다 투명도가 높고 가격은 훨씬 비싼 저철분 유리를 택한 그가 아닌가. 그가 설계한 모든 건물은 '디테일의 끝판왕'이라 회자된다. 질문에 대한 답변만 명확하게 할 뿐 장황하게 말을 늘이거나 다음 질문을 재촉하는 법이 없는 그가 본인이 추구하는 디테일의 의미부터 짚고 넘어가야 한다며 말했다. "제게 디테일은 형태의 문제가 아닌 절실함의 문제예요. 하늘을 깨끗하게 보고 싶으니까 창틀을 숨기는 거지, 형태를 위해 디테일을 가미하지는 않습니다. 디테일 너머의 목적을 읽을 줄 알아야지, 디테일만 이야기해서는 안 돼요. 입사 면접을 볼 때 디테일만 얘기하는 친구는 안 뽑아요.(웃음)"

최 대표는 작은 집 프로젝트로 이야기를 이어나갔다. "단열 잘되고, 비 안 새고, 그러면서도 미적으로 어긋나지 않는 집을 짓는 것이 목표입니다. 건축가이자 가구 디자이너인 장 프루베는 주택난으로 고생하는 아프리카 사람들에게 2mm 정도의 얇은 철 프레임 오두막을 보내기도 했어요. 기본 틀만 보내고 세부 소재는 그 동네에서 나는 걸로 사용하게 했지요. 제가 짓는 집 역시 기본 모듈이 있겠지만 시공 과정에서 비용을 절감할 수 있을 거예요. 외장재부터 공법까지 여러 방면으로 공부를 하고 있습니다."

주택을 설계한다는 건 대단히 재미있는 일

최욱이란 이름은 그간 저 멀리 있는 별이었다. 그의 설계비는 한국에서 가장 비싼 축에 속하고, 파트너 리스트에는 이름난 문화 애호가와 유명 인사가 많았다. 그러던 그의 행보가 작은 집, 적절한 예산, 더 많은 기회를 아우르며 넓어진 배경은 무엇일까? "몇년 전 몸이 안 좋았는데, 그 시기를 지나면서 인생이 유한하구나 생각했어요. 의미 있는 일을 해야겠다 싶었지요. 아내에게 명상의 방을 지어준 것도 그 무렵이에요. 열망이 생기지 않는 프로젝트는 하지 않는다는 원칙도 정했지요. 사실 '집'을 짓는다는 건 대단히 매력적인 일이에요. 몸의 스케일을 기준점 삼아 다양한 변용을 실험해볼 수 있으니까요. 서양의 건축가들은 주택 설계를 해도 건축주의 의견과 상관없이 자신의 작업을 해요. 건축주도 그 건축가의 작품을 컬렉션한다고 생각하지요. 하지만 한국은 달라요. 대리모가 돼서 집주

온돌구조까지 갖춘
강아지집.

인이 원하는 바를 최대한 구현해줘야 하지요." 그가 언급하지는 않았지만 그 과정에서 생기는 집중과 몰입, 건축주와의 유대는 곧 집 짓는 재미와 보람이 될 것이다.

공공 건축에 대한 그의 관심과 열의를 보면서 혹자는 명예욕을 느낄 수도 있겠다. 건축계의 노벨상이라는 프리츠커 상 수상 같은. 혹시 큰 상을 염두에 둔 행보는 아니냐고 묻자 그가 담담히 답했다. "철학자 루트비히 비트겐슈타인 조카의 친구가 쓴 글이 있어요. 그중 상을 받는다는 것은 오물통을 들고 스스로한테 붓는 것이나 마찬가지란 내용이 있지요. 그에 따르면 상을 주는 사람은 상을 받는 사람한테 관심이 없대요. 주는 것에만 관심이 있지. 자기 행사를 치르는 것이 중요할 뿐이라는 거죠. 물론 순수한 의도로 주겠지만, 그런 것에 목매는 것은 어리석은 일이에요. 자연스럽게 이뤄지고 자연스럽게 진행되어야겠죠."

긴 대화를 통해 최욱 건축가는 집과 공공 프로젝트에 관한 관심과 의지를 확실히 했다. "스페인과 한국의 건축 환경이 비슷한데, 공공 건축은 스페인이 한국보다 월등히 앞서 있어요. 건축가협회와 정부에서 기차역, 박물관, 공원 같은 공공 프로젝트에 심혈을 기울였거든요. 프로이트가 그랬어요. '모뉴먼트가 사라지는 것은 오랜 친구가 없어지는 것과 같다'고." 공공의 선물을 지켜나가는 것, 한국 건축 문화에 오랫동안 존재해온 멋을 다양한 프로젝트를 통해 보여주는 것이 최욱 대표가 요즘 느끼는 열망이다. 그 감정선 안에 아름지기와 함께 진행한 옛 서울시장 공관 리모델링 작업, 현대카드 가파도 프로젝트 작업 등이 있다.

그의 집을 찾은 날은 신년의 입춘이었다. 입춘에 항아리 터진다더니 때아닌 눈이 펑펑 쏟아졌다. 그 풍경을 산자락 중턱에 마련한 그의 작은 서재에서 봤다. 그가 말했다. "일이 바빠 자주 오지 못하더라도 이곳이 있다는 것만으로 기분이 좋아요. 집중해서 작업을 해야 할 때나 혼자 있고 싶을 때도 이곳을 찾고요. 저기 오른쪽 끝에서 해가 뜨는데 그 모습을 보고 있으면 너무나 아름다워요. 아마 이곳에서 보는 눈과 도심에서 보는 눈은 다를걸요?" 계절의 변화를 온전히 체감할 또 하나의 공간을 옵션으로 갖고 있다는 건 역시 행복하고 근사한 일이다.

Chapter 02

일터가 된 집

건축가 김대균+미술 평론가 유경희의 서촌 한옥
"영혼까지 자극받아야 진짜 좋은 집이죠"

네임리스건축+에이리 가족의 경기도 광주 노곡리 집
좋은 바람과 볕의 '동굴'

건축가 김사라+금속 공예가 김현성의 가평 작업실
열린 결말의 집

건축가 김대균

미술 평론가 유경희의 서촌 한옥

"영혼까지 자극받아야 진짜 좋은 집이죠"

착착건축사사무소를 이끄는 김대균 건축가는 단독주택부터 상공간, 공공 건축부터
전시까지 크고 작은 것, 딱딱하고 부드러운 것 사이의 경계를 넘나들며 다양한
프로젝트를 진행한다. 최근 ≪집생각≫이란 책을 펴낼 만큼 집과 집 설계에 두터운
애정을 갖고 있다. "공간을 바탕으로 다양한 콘텐츠와 협업해 보편타당한 인문학적
가치를 실현하는 것을 목적으로 한다"라는 사무소 소개글에서 보듯 건축과 공간의
덕목에 뿌리를 두고 인간을 '이롭게' 하는 일에 관심이 많다. www.chakchakchak.com

미술 평론가 유경희는 이 공간을 집필실이자 교육 공간, 그리고 자신의 아지트로 십분 활용한다.

"제게 절대적으로 중요한 것이 있는데, 그중 하나가 집이에요. 2018년 평창동에서 전세살이를 할 때도 5천만 원을 들여서 집을 고쳤어요. 정원을 만드는 데만 6백만 원이 들었지요.(웃음) 집이 그만큼 중요해요. 이런 공간이면 좋겠다, 하는 기준도 명확하고요. 일단 시적詩的이어야 해요. 어둠이 섞인 빛에 로망이 있지요. 약간 어두운데 가만있으면 서서히 형체가 드러나는 곳 있잖아요. 그런 곳에서 책을 읽는 일, 그것이 제가 생각하는 최고의 사치이자 럭셔리예요. 의식과 무의식, 영혼과 영성이 함께 깨어나고 진화하는 것이 중요하지요. 온갖 작품과 아트에도 욕심이 많지만, 그런 집을 위해서라면 기꺼이 다 포기할 수 있어요. 내가 예술 작품이 되는 거잖아요. 고대 이집트에 《사자의 서》(이집트어로 《빛을 벗어나는 책》)라는 책이 있어요. 인간이 죽어 지하 세계로 내려가 삶을 심판하는 오시리스를 만나면, 그가 그런대요. '너는 다른 사람을 얼마나 기쁘게 해줬느냐?' 단순히 웃고 떠드는 게 아니라 누군가를 고무하고 인스파이어링해서 한 차원 높은 사람으로 만들어줬느냐를 묻는 거예요. 집도 똑같아요. 단순히 편하고 쾌적한 것만으로는 부족해요. 진짜 좋은 집이라면 나를 영적으로 보듬고 한 단계 높은 쪽으로 진화시킬 수 있어야 해요."

지금껏 쓴 책만 열 권이 넘고, 한곳에서 강연을 시작하면 10년에서 20년까지 롱런하는 유경희 대표와 하는 인터뷰는 생기가 넘쳤다. 오랜 지인인 양정원 선생이 그녀를 일컬어 "야성과 지성을 동시에 갖고 있는 사람"이라고 했다는데, 어떤 말인지 알 것 같았다. 정신분석학 박사이기도 한 까닭에 이야기는 미술사와 미학, 정신분석과 심리를 넘나들었

이곳에서는 미학 강연이 수시로 열리고, 파티도 종종 진행한다. 놀라운 생기와 에너지를 지닌 유경희 대표는
강연을 앞두고는 어떤 일정도 잡지 않고 에너지를 응축해놨다가 사람들 앞에서 분출한다.

고 카를 융과 지그문트 프로이트, 자크 라캉과 질 들뢰즈가 수시로 등장했다. 그리고 그 사이사이 김원일의 《마당 깊은 집》에서처럼 어릴 적 마당을 중심으로 여덟 가구가 옹기종기 모여 있는 큰 한옥에 살며 너무 일찍 인생을 알아버렸다는 이야기며, 어둑한 분위기에서 책 읽고 공부하는 시간이 좋아 정릉 집에 살 때도 남쪽으로 난 창은 다 막아버렸다는 에피소드가 꿀처럼 맞물려 들어갔다. 故 이어령 선생을 뵈었을 때도 두 시간여 동안 진행한 인터뷰가 질문지 한 번 들여다볼 필요 없이 매끈하게 흘렀는데 그녀와 하는 인터뷰도 그랬다. 이렇게 매력과 생기가 분출하는 지성知性이라니.

대강의 정신으로 지은 반침半寢의 집

착착건축사사무소의 김대균 건축가도 그의 이런 매력에 꼼짝없이 포위당했을 거라 본다. 알아온 시간만 20여 년. 김대균 건축가는 "사물을 바라보는 감도도 다르고, 배우는 것도 많아 커뮤니케이션이 즐겁지요. 워낙 좋아하는 선생님이에요"라고 했다.

이상의집 레노베이션 같은 공공 건축부터 빌라와 공유 주택, 그리고 농農을 주제로 열린 <하우스비전>에서 선보인 컬티베이션 하우스까지 다양한 프로젝트를 선보이는 그는 유경희 대표와 지은 서촌 한옥에서도 특유의 기분 좋은 위트와 실험 정신, 그리고 감각을 발산했다.

가장 돋보이는 것은 외벽. 한옥 담장이라고 하면 보통 화강암 재질의 네모반듯한 사고석과 기단석이 먼저 떠오르는데 그가 선택한 것은 토벽土壁. 흙을 다진 후 골강판을 댔다 떼어 만든 것으로, 흙벽에 일정한 간격으로 길게 골이 패어 저 멀리서부터 색다른 미감으로 와닿는다. 유경희 대표는 "딱 박서보 화백의 묘법"이라며 웃었다. 현관의 위치도 두고두고 만족도가 높은 대목. 한국 전통 건축의 핵심 중 하나가 집으로 곧장 들어가지 않고 빙 돌아 에둘러가며 환유의 풍경을 누리는 건데, 대문을 정문이 아닌 오른쪽 측면에 둬 마당을 지나 집으로 들어가기까지 짧은 산책을 하는 것처럼 달콤한 기분을 맛보게 한다. 그렇게 들어선 마당에는 잘생긴 넓적돌과 우물돌이 단정하게 들어앉아 있다. 위로는 하늘이 뻥 뚫려 있고.

정원은 내부에서도 이어진다. 거실 뒤편이자 다실의 오른쪽으로 난 또 하나의 후원. 마사토로 바닥을 다졌는데 등고선처럼 약간의 높낮이가 있고, 앞뒤로 한 움큼의 옥잠화와 사시사철 아름다운 남천南天이 있다. 내부 공간과 정원 사이에는 한지창이 있고, 그 주변으로는 쪽마루 같은 공간을 만들어 언제든 그곳에 걸터앉아 책 보고 음악 들으며 느긋하게 시간을 보낼 수 있도록 했다.

설계의 묘가 도드라지는 부분은 반침(벽체를 밖으로 돌출시켜 만든 공간)이다. "많게는 20명 가까이 모여 강연도 하고 파티도 하는 공간이지만, 사적 공간이기도 하니 쉬면서 충전도 할 수 있도록 공간에 정취가 있으면 좋겠다는 생각을 했는데 그 해법으로 한옥의 전통 요소 중 하나인 반침을 적용했습니다. 작업실, 주방, 뒷마당 창까지 거의 모

왼쪽 지독하리마치 치열하게 읽고 쓰는 저술가이자 가구와 미술 컬렉터이기도 한 그녀의 공간에는 그간 모은 작품들이 곳곳에 놓여 있다. **1, 2** 공간 한 편에 있는 게스트룸과 문을 열면 드르륵 펼쳐지는 후원.

든 공간에 밖으로 반침을 냈지요. 이렇게 하면 구조 기둥 밖에 공간이 하나 더 생겨 입체적 레이어가 만들어지고, 집도 한층 넓게 쓸 수 있어요. 공간과 구조가 유연해지면서 내부와 외부의 중간 지대에 걸터앉아 있는 것 같은 기분도 들고요. 이 집을 반침의 집이라 부르는 이유예요." 김대균 건축가의 말이다.

건축가에게 공간에 대한 철학이 있느냐 없느냐 하는 것은 집에 정신이 깃들어 있느냐 아니냐와 같은 의미다. 당연하게도 건축가에게 철학이 없으면 그저 번듯한 외연을 구축하는 데 그치고 만다. 건축주 입장에서는 건축가의 그 철학이 곧 그 집에 사는 즐거움이 된다. 이 집에 담고 싶던 김대균 건축가의 철학은 '내외부로 자연스럽게 뻗어나가는 대강의 집'. "반침의 집에서 신경 쓴 것은 내부와 외부의 연결이었어요. 옛것과 새것의 연결이기도 했고요. 반듯하고 대단한 게 아니라 어수룩하지만 편안한 공간을 만드는 것이 중요했습니다. 대강과 대충은 달라요. '자세하지 않은, 기본적인 부분만을 따낸 줄거리'가 대강의 뜻이에요. 뜨개질을 할 때 큰 틀만 짜면 나머지는 패턴으로 자연스럽게 흘러가는 것과 비슷하지요. 대충은 말 그대로 성의가 없는 거고요. 한옥은 대강의 집이고, 사람을 쉬게 한다는 큰 원칙과 덕목을 갖추고, 나머지 세세한 부분은 그 입지와 상황에 맞게 자연스럽게 줄거리를 잡아나가는 것이 중요해요. 반침을 통해 건축주의 일과 휴식, 공적 시간과 사적 시간이 확장되고 연결되길 바랐습니다."

좋은 건축주가 좋은 건축가를 만난다고 했던가. 세상에서 제일 좋은 게 무엇이고 또 그 이유가 무엇인지 설명할 수 있는 이가 유경희 대표지만, 집 짓는 일은 건축가에게

이 집의 하이라이트 중 하나인 토벽. 담장에 구현한 박서보의 묘법이라고 할까? 규칙처럼 사용하는 네모반듯한 화강암이 아니라서 더 특별한 표정으로 와닿는다.

일임하다시피 하고 이 기간 동안 《반 고흐-오베르쉬르우아즈 들판에서 만난 지상의 유배자》란 책을 탈고했으니 이 내공은 또 뭐지 싶다. 그런 믿음과 지지에 부응하고자 건축가는 또 최선의 최선을 찾아내고. 옆집이나 앞집의 민원도 일일이 공유하지 않았는데, 김대균 건축가는 "그런 건 당연한 것"이라며 웃었다. 유경희 대표는 인터뷰를 하는 동안 "나를 초월하게 하는 빛이 중요하다. 그 빛은 책과 집에 있더라. '내면의 빛을 찾아서'가 나의 인생 철학이다"라는 말을 많이 했다. 빛을 한껏 끌어들이는 고딕 양식보다 적당한 어두움이 있어 내면에 눈을 뜨게 하는 로마네스크 양식을 좋아하는 이유도 그 때문이라고. 기능적이고 장식적인 것에서 탈피한 이런 본질적 말과 생각은 그 자체로 건축가에게 가이드라인이자 미션이 될 것 같았다. 그리고 바로 그 지점에서 풍성하고 건설적 교신이 일어나는 것이 집 짓기의 진정한 즐거움은 아닐지. 서촌 골목길에서 이 집을 볼 때마다 그 안의 시간과 풍경이 궁금할 것 같다.

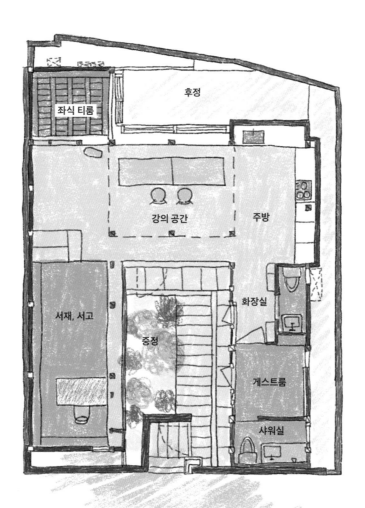

네임리스건축

에이리 가족의 경기도 광주 노곡리 집

좋은 바람과 볕의 '동굴'

뉴욕과 서울을 오가며 활동하는 나은중(왼쪽)·유소래(오른쪽) 건축가. 2009년
뉴욕에서 '네임리스건축'을 개소한 후 서울로 사무실을 확장했다. 건축주의
라이프스타일을 반영하되 파격적이면서도 모던한 제안을 한다. 공간을 길고 두껍게
막는 벽 대신 9개의 칸막이로 구획해 집의 가변성을 극대화한 아홉칸집도 그렇게
탄생했다. 주택 프로젝트 외에 학교와 상공간도 여럿 설계했는데, 거대한 레고
블록 두 개를 교차해 놓은 듯한 형태의 별내 RW 콘크리트 교회, 남양주에 있는
삼각학교 등이 대표작. 간결하고 미학적인 디자인이 특징이다. <설화문화전>에
출품한 활 구조물을 비롯해 다양한 공공 예술, 전시, 설치 작업도 진행했다.
www.namelessarchitecture.com

막힌 곳 없이
공간을 구획하는
간이벽만으로 전체
구조를 짠
아홉칸집.

"월월, 월월월!"

마당에 차 들어오는 소리가 들리자 아홉칸집을 지키는 코르뷔지에가 목청을 높여 반긴다. 맞다. 세계적 건축가 르코르뷔지에의 이름에서 따온 그 코르뷔지에. 건축가와 건축, 그중에서도 르코르뷔지에를 특히 좋아하는 이 집 주인 고경애·이상욱 부부는 반려견인 프렌치불도그에게 코르뷔지에라는 이름을 붙여주었다. 따라서 이 집을 찾아오는 이들 중 건축에 조예가 있는 사람은 코르뷔지에를 보며 "코르뷔지에 선생님, 안녕하십니까" 하고 인사를 건넨다.(코르뷔지에가 사고로 세상을 떠나고 지금은 '수유'가 함께 산다)

코르뷔지에는 이 집을 설계한 네임리스건축이 "오케이, 한번 지어봅시다" 하고 마음먹는 데도 나름의 역할을 했다. 나은중 소장은 "설계를 의뢰하는 이메일을 받았는데, 거기에 이렇게 적혀 있었어요. '지금 만 두 살인 첫째 아이를 미래의 건축가로 키우고 싶은 야심 찬 꿈을 가지고 있어 키우는 강아지 이름도 코르뷔지에로 지었습니다.' 건축에 대한 애정이 느껴져 만나기 전부터 호감이 생겼어요."

그렇게 네임리스건축과 에이리AeLe 가족(아내 고경애와 남편 이상욱의 이름에서 한 글자씩 따와 조합한 이름)은 건축가와 건축주로 경기도 광주 노곡리에 집을 짓는다. 서울에서 가까운 곳에 이렇게 좋은 땅이 있었나 싶게 사방으로 숲과 밭이 펼쳐지는 이 집의 이름은 '아홉칸집'. 총 아홉 개의 칸이 있어 이런 이름을 붙였는데, 그 구조와 미감이 들여다보면 볼수록 매력적이다.

우리 주변의 집을 한번 생각해보자. 안방과 아이 방, 거실과 부엌 등으로 공간의 구획과 목적이 정확하게 나누어진다. 방에는 어김없이 문을 단다. 난방과 프라이버시를 생각해야 하니 당연한 장치다. 아홉칸집에는 그런 '고정의 쓸모'가 없다. 네임리스건축을 이끄는 나은중, 유소래 건축가가 그린 최초의 설계 아이디어를 보면 반듯한 사각형에 + 표시가 한 줄에 세 개씩, 총 아홉 개가 그려져 있다. + 표시가 의미하는 것은 벽. 공간을 나눠야 하니 벽을 설치하긴 하되 한쪽 면을 다 막는 길고 두꺼운 벽이 아니라, 칸막이나 병풍처럼 최소한의 가림막 역할만 하는 벽이다. 그렇게 총 아홉 개의 공간이 들어섰는데 부부 침실과 욕실에만 문을 달고 나머지는 다 오픈해 계절의 빛과 바깥 풍경에 따라 거실과 다이닝룸 및 서재의 위치를 자유롭게 바꿀 수 있다.

"집에 햇볕과 바람은 꼭 있어야 한다"

생기 넘치는 집사, 코르뷔지에의 환대를 받으며 들어가 눈에 담는 집은 오늘도 아름답다. 구름도, 하늘도 그림 같은 초가을. 초록 정원을 지나 보이는 밭의 풍경이 한가롭다. 이 집에 앉아 있으면 마음이 푸근해져 푹 눌러앉고 싶어지는데, 집 안 곳곳에 일렁이는 밝고 환한 기운 덕분이다. 그런 기분이 들게 하는 일등 공신은 아홉칸집의 중앙에 자리한, 동그란 천창에서 쏟아지는 빛이다. 천창을 통해 집 안에 떨어지는 빛의 덩어리는 해의 위치에 따라 계속 움직인다. 천창이 커 풍부하게 쏟아지는 빛은 아이들 책장도 비추고 주

텅 비었을 때도, 가구와 조명으로 공간이 꽉 찼을 때도 여전히 건축적이고 개성 넘치는 아홉칸집의 모습. 고경애 작가는 계절과 아이들의 성장 속도에 따라 수시로 공간을 재배치하며 집에 활력과 생기를 불어넣는다.

방 쪽 바닥으로 길게 떨어지기도 하면서 지속적으로 길이와 형태를 바꾼다. 코르뷔지에는 그 빛을 따라 계속 움직이면서 일광욕을 한다. 졸린 눈을 하고 그 빛 속에 앉아 있는 사진을 본 적이 있는데 얼마나 귀엽던지!

고경애 작가 역시 가만 앉아 빛 쬐는 걸 좋아한다. "요즘 날씨가 정말 좋잖아요. 바깥에 나가서 그 볕을 느껴도 좋은데, 집에 들어오는 빛은 또 다른 것 같아요. 우리 집 식구 중에서 제가 집에 제일 오래 있잖아요. 항상 빛을 느끼는데 아침부터 저녁까지 저 빛이 계속 있어요. 그러다 보니 꼭 제 곁에 있는 것 같고, 혼자 있어도 외롭지가 않아요. 햇살이 모두에게 쏟아지는 신의 축복이라면서요. 그 말이 무슨 의미인지 알겠더라고요. 바람도 정말 좋아요. 칸막이로만 공간을 구획해 막힌 곳이 거의 없잖아요. 아침에 일어나면 창문을 다 여는데, 그러면 바람이 통하는 게 느껴져요. 통풍이 잘되는 거죠. 막힌 방이 많지 않아서 처음에는 조금 힘들었어요. 막내가 칭얼대면 문 닫고 어디 가서 좀 쉬고 싶은데, 주변을 돌아보면 다 열린 채로 연결돼 있는 거예요. 이제 아이도 좀 커서… 남편한테 '자기는 힘들 때 어디서 쉬었어?' 하고 물어보니 화장실에 갔다고 하더라고요. 거기에 있으면 그렇게 좋을 수가 없었다고.(웃음) 저는 육아가 힘들면 그냥 울어버려요. 숨어서 울 데가 많지 않으니 장소를 가리지도 않지요. 그러면 애들이 와서 보듬어줘요. 그렇게 가족끼리 더 끈끈해져요. 집에 햇빛과 바람은 꼭 있어야 하는 것 같아요."

아홉칸집의 또 하나의 하이라이트는 마감재다. 평지붕의 긴 처마를 시공한 단층짜리 집은 안팎을 모두 콘크리트로 마감했다. 보통 외부는 콘크리트로 마감하더라도 내부는 바닥에 원목을 깔고, 벽에 단열재를 붙인 후 페인트칠을 하는데 아홉칸집은 내부까지도 전부 콘크리트로 통일했다. 심지어 욕조와 세면대, 주방 조리대와 테이블까지. 게다가 노출 콘크리트는 표면이 매끈하지 않고 거칠다. 에이리 가족과 네임리스건축이 서로 호흡을 맞추며 집을 지은 과정은 《코르뷔지에 넌 오늘도 행복하니》란 책으로도 출판했는데, '콘크리트' 파트를 보면 거푸집을 떼고 드러난 거친 속살을 보며 나은중 소장이 어떻게 마감을 해야 할지 고민하는 장면이 나온다. 그때 에이리 가족이 이렇게 이야기한다. "수정하지 말고 그냥 이대로 두면 어떨까요? 거칠어서 좋아요. 크고 작은 흠과 깨진 모서리도 메우지 말고 그냥 두면 좋을 것 같아요. 그리고 천장에 물이 얼룩진 자국들도 없애지 않았으면 좋겠어요. 진짜 동굴 같아서 더 좋아요."

언뜻 미완성의 풍경을 상상할 수 있겠다. 하지만 직접 눈으로 확인한 집 내부는 전혀 이상하지 않다. 오히려 푸근하고 세련됐다. 집 밖으로는 온통 녹색의 자연. 풍경이 더할 나위 없이 화려한 셈인데, 집 내부는 커다란 돌덩어리처럼 무던하고 무심한 기운이라 계절에 따라 표정과 색을 달리하는 자연의 변화가 더 드라마틱하게 와닿는다. 회색과 녹색의 콘트라스트도 좋다.

가구와 조명, 그림과 음악으로 빛나는 그들의 스타일

회색 콘크리트 집 안을 채운 가구와 조명은 모두 한 점 한 점 공들여 고른 '진짜로 좋은' 것들이다. 고경애·이상욱 부부는 결혼기념일을 기념하며, 아이의 생일을 기념하며, 크리스마스를 기념하며 집에 가구와 조명을 하나씩 신중하게 들여놓는다. 아내를 위한 반지, 남편을 위한 자동차, 아이들을 위한 장난감 대신 집의 시간을 빛나게 하는 물건에 돈을 투자하는 것이다. 그렇게 이사무 노구치의 원형 테이블과 임스 부부의 다이닝 체어, 르코르뷔지에의 암체어와 라운지체어, 독일 가구 브랜드 E15의 원목 침대를 구입했다.

최근에는 7개월을 기다린 끝에 E15에서 만든 원목 테이블을 받았다. "원래 3~4개월이면 받을 수 있다고 했는데 코로나19 때문에 시간이 지체됐어요. 상판부터 다리까지 두꺼운 목재로 만들어서 아주 견고한 제품이에요. 우리 집에 있는 가구는 거의 다 오래 기다렸다가 받은 것이에요. 우리가 기다리는 걸 잘하거든요.(웃음) 가구도 건축하고 비슷한 것 같아요. 좋은 작품을 만나려면 기다릴 줄 알아야 하고, 그렇게 기다렸다 받으면 더 애착도 가고 좋더라고요. 아이들에게 물려줄 생각으로 고르다 보니 가볍고 금방 살 수 있는 물건은 고르지 않게 되더라고요."

삶의 무대는 자연스레 아파트에서 숲으로 바뀌었고, 네 식구는 자연 속에서 또 다른 시간을 발견하며 산다. 그리고 고경애 작가는 그 일상의 소중한 순간들을 재료 삼아 무던하고 치열하게 그림을 그린다.

결혼기념일을 자축하며 LP 플레이어도 새로 들여놓았다. 미국의 트럼펫 연주자로 명성 높은 쳇 베이커의 음반도. 결혼한 첫해에 구비한 바우어앤윌킨스Bowers & Wilkins 의 스피커로는 인터뷰하는 내내 쳇 베이커의 명반 <싱스Sings>의 선율이 흘러나왔다. 집을 채우는 가구와 음악까지 하나하나 자신들의 리듬과 취향, 스타일로 채운 집. 아홉칸집에 가면 늘 좋은 기운을 얻는 이유다.

집을 빛내는 조연으로 고경애 작가의 그림을 빼놓을 수 없다. 그녀의 전작을 보면 우울하고 슬픈 기운의 작품이 많은데, 어느 순간부터 화폭에 볕이 일렁이는 듯 화사하고 밝은 기운의 작품이 많아졌다. 화폭을 가득 메운 강아지풀 그림에는 작은 풀벌레가 앉아 있고, 아이들이 코르뷔지에와 마당에서 물놀이하는 모습을 그린 그림에는 파란 물줄기가 춤을 추고 분홍색 하늘이 펼쳐진다. 한눈에 마음을 빼앗기는 색감의 그림들. "색을 정말 잘 쓰시네요" 하고 말하자 고경애 작가가 화답한다. "이 집에 살면서 좋은 기운을 많이 받는 것 같아요. 봄, 여름, 가을, 겨울의 정경을 시리즈로 그려보고 싶다는 생각도 들거든요. 빛깔은 제가 상상해서 만든 것이 아니에요. 다 직접 본 거예요. 이곳에 있으면 빛이 분홍색으로도, 주황색으로도, 노란색으로도 보일 때가 있거든요."

집을 지으면 새로운 이야기가 쌓인다. 새로운 즐거움도 하나둘 약속처럼 찾아온다. 그러다 보면 집을 한 채 또 짓고 싶다. 이번에는 콘크리트 대신 나무 집을 지어보면 어떨까 하는 생각도 든다. 지금 살고 있는 집이 싫어서가 아니라 자연스럽게 또 다른 집과 삶을 꿈꾸게 되는 것이다. 계속해서 더 좋은 삶을 계획하게 되는 것. 그것이 '집 짓기'가 주는 최고의 선물이 아닐까 싶다. 에이리 가족도 마찬가지다. "아이들하고 집 이야기를 많이 해요. 딸아이는 산타 할아버지가 와야 하니까 굴뚝이 꼭 있어야 한대요. 아들은 이층집을 지어야 한다 하고. 집을 한 번 짓고 나면 그 경험을 토대로 새로운 꿈이 생기는 것 같아요. 집 짓는 행복과 보람을 또 한 번 경험해보고 싶어요. 그때도 건축가로는 네임리스건축을 택할 거예요."

고경애 작가는 집을 자주 사람에 빗대 이야기했다. 이제 세 살이 됐다고, 어떻게 변해서 어떤 풍경을 보여줄지 또 기대가 된다고. 예전에는 몰랐던 모습을 한 해 한 해 새롭게 보게 된다고. "제가 제일 좋아하는 계절은 겨울이에요. 다 비우는 시간요. 나뭇잎이 다 떨어져 주방 창문으로 보면 저 멀리 세종마을로 들어가는 길까지 보여요. 여름에는 보이지 않던 풍경이죠. 이사를 오던 첫해에 겨울 기온이 영하 17℃였어요. 작년에는 따뜻했는데, 그러다 보니 올해 벌레며 개구리가 엄청 많더라고요. 잔디밭에서 뱀이 개구리를 잡아먹는 걸 우리 집 식구 모두가 거실 창으로 본 적도 있지요. 생태계라는 게 정말 예민한 거구나 처음 느꼈어요. 집이 어렵게 완공되는 걸 봤고, 자연 속에서 살고 있으니 아이들이 커서도 자기 시간을 충실히 살 거라는 믿음이 있어요." 인터뷰가 끝나고 뒤뜰에 놓인 사다리를 타고 옥상에 올라가봤다. 뒤쪽으로 펼쳐진 숲이 특히 아름다웠다. 곧 저 숲에도 깊은 가을과 겨울이 찾아들겠지, 하는 생각만으로 그곳을 바라보는 시간이 좋았다.

뒤뜰의 전경.
반달처럼 홈을 파고
나무 한 그루를 심은
모습이 사랑스럽다.

다이아거날 써츠

금속 공예가 김현성의 가평 작업실

열린 결말의 집

다이아거날 써츠 건축의 김사라 건축가는 인식과 불확실성, 그리고 물성을 핵심
키워드로 작업한다. 본연의 물성이 드러나는 재료를 선호하고 집을 지은 10년 후
삶까지 염두에 두고 구조와 마감재를 결정한다. 집과 상공간은 물론 대지 위 설치미술
같은 파빌리언 프로젝트, 다른 행동을 불러오는 가구와 오브제, 몸과 공간을 주제로 한
영상까지 다양한 작업을 한다. 김사라 대표는 한국에서 공업디자인을, 미국에서 건축과
실내건축을 공부했다. www.diagonal-thoughts.com

콘크리트와 금속의 단정한 조합.

농담처럼 반복, 강조하는 우리 집의 가훈이 있다. '해보면, 아무것도 아니다'. 루앙프라방으로 떠난 지난 가족 여행에서 애들이 쭈뼛쭈뼛 영어로 인사도 못 하고 화장실이 어디인지도 물어보지 못하는 걸 보면서 "그냥 해봐. 해보면 아무것도 아니야" 하고 잔소리를 했는데, 입에 착착 붙는 느낌이 썩 괜찮았다. 그 뒤로 애들이 주저할 때마다 "해보면?" 하고 내가 먼저 운을 띄우면 아이들이 "아무것도 아니다" 하고 대꾸를 하게 했다. 우연찮게 정말 좋은 말을 찾은 것 같아 여행 내내 기분이 좋았다(애들 표정은 당연히 안 좋았다).

가평에 새로 마련한 김현성 작가의 작업실 겸 쉼터. 인터뷰를 마치고 뒷마당에서 예초기 정보를 교환하다 작가가 말했다. "막연하고 아득했는데 막상 해보니까 재미있더라고요. 건축가와 저의 협업 같았어요." 그도 그럴 것이 이 집에는 김현성 작가의 감각과 아이디어도 많이 들어가 있다. 진입로에 콘크리트를 부어 런웨이처럼 길게 길을 내고, 한쪽을 반달처럼 둥글게 처리한 것도 그의 아이디어다. 마당 한쪽에는 토마토와 가지를 심고 마당에는 잔디를 깔아 콘크리트 외벽의 집에 색채를 더했다.

심플하고 아름다운 바탕을 짓자

작은 숲과 산을 끼고 있는 이 집을 보면서 절감한 것이 두 가지다. 첫째는 외장재가 정말 중요하다는 것. 집을 지을 때 가장 먼저 결정하는 게 외장재인데, 예산에 결박되다 보면 점점 가격이 낮은 재료만 찾게 된다. 이 집의 성공 포인트는 외장재로 노출 콘크리트를 적용했다는 것. 저렴한 재료는 아니지만 김은숙 작가가 <미스터 션샤인>에서 말했듯 "길은 늘 있다". 김사라 건축가는 비용을 줄이기 위해 재활용 거푸집을 사용했다. 가로 8.4m, 세로 4.2m의 파사드(전면)를 포함해 건물 전체에 들어간 콘크리트 거푸집은 약 3백 장. 안도 다다오의 노출 콘크리트 건물처럼 표면이 매끈하지는 않지만(그는 왁스 코팅해 단면이 부드럽게 찍혀 나오는 제품을 사용한다) 군데군데 '흉터'가 있어 더 강인해 보인다. 거푸집의 장당 규격은 가로 60cm, 세로 120cm. 유닛 각각이 조적식 벽돌 건물처럼 덩어리를 이뤄 단정하면서도 견고한 모습이다.

두 번째는 금속의 힘. '열린 결말'의 집을 지으며 김사라 건축가는 '그저' 심플하되 아름다운 바탕을 짓는다고 여겼고, 그 바탕 위에 김현성 작가의 금속 오브제가 더해지면 좋겠다고 생각했다. 결과는 흡족. 스테인리스 스틸로 만든 굵직한 세 가닥 줄이 지붕을 타고 내려오는 레인 체인rain chain 위의 물받이, 현관문 위로 붙인 황동 조명이 디테일을 넘어 하나의 구조체로 제 역할을 한다. 사각 건물에 금속 오브제가 반짝이는 모습. 후가공하지 않아 날것의 질감이 도드라지는 스테인리스 스틸 문 위에는 나무를 동그랗게 굴려 만든 손잡이를 달았다. 역시 김현성 작가의 작품으로 냉장고 위 선반, 화장실 휴지 걸이, 오디오 거치대를 포함해 구석구석에 금속 작품이 들어가니 르코르뷔지에의 공간처럼 '모던함'이 넘친다.

재활용 거푸집을 사용해 비용을 줄이고 노출 콘크리트로 심플하면서도 단단한 미감으로 완성한 외부. 그 위로 장식한 김현성 작가의 금속 장식물들이 공간에 멋과 세련미를 더한다.

"금속공예라고 하면 망치질하는 노인이나 장인을 떠올리는데, 우리 공예도 충분히 젊어질 수 있어요. 전통 공예 방식을 유지하되 디자인이나 조형적 부분에서 현대적으로 접근하면 됩니다. 고리타분하지 않은 금속공예를 보여주고 싶어요." 10년 전, 공예트렌드페어에서 올해의 작가상을 받은 후 <월간 디자인>과 인터뷰에서 김현성 작가가 한 말이다. 10년이 지난 지금까지 김현성 작가는 그렇게 모던한 작품을 만들고 있다. 조명과 가구까지 작업의 볼륨과 영역도 훌쩍 커졌다.

"우리에게도 유의미한 포트폴리오가 될 것 같아요"라며 흔쾌히 이 프로젝트를 맡은 건축가 김사라는 미국의 오래된 사립 예술대학 로드아일랜드 디자인 스쿨에서 실내건축으로 석사 학위를 받고, 미국의 'OBRA Architects'와 조병수 건축연구소에서 경력을 쌓다 9년 전 독립했다. 공간과 건축이 감각은 물론 인식의 지평을 새롭게 구축하거나 넓혀줄 수 있다고 믿는다. 하이데거의 저서 《예술작품의 근원》에 이런 문장이 있다. "인간은 일으켜 세우려 하고, 자연은 대지로 되돌리려고 한다." 아티스트 이우환의 '관계항' 시리즈에 영감을 준 글귀인데, 건축의 정의로도 손색없다는 것이 그의 생각이다.

"프로젝트 이름이 '열린 결말'인 것이 앞으로(가정을 꾸려 살) 본집을 가이드하는 역할을 하고 싶었기 때문이에요. 건물 측면에 시멘트 블록으로 마감한 부분이 있는데, 안팎의 선을 딱 맞춰서 언제든 쉽게 허물 수 있어요. 새로 짓는 건물과 빠르고 효율적으로 '도

김현성 작가의
놀이터인 뒷마당.
문을 열면 인적
없는 숲만 펼쳐져
마음이 편안하다.
조명과 손잡이 등은
모두 작가가 직접
만들었다.

커다란 작업실과 화장실만 배치한 단순한 구조의 작업실.

시멘트 블록으로 마감한 내부에도 금속 장식물과 소품이 들어가면 분위기가 이렇게 바뀐다. 김현성 작가의 작품들은 갤러리에서도 꾸준히 협업을 제안할 만큼 인기가 많다.

'킹'이 가능하죠. 지붕에는 부러 방수 페인트를 칠하지 않았어요. 나중에 옆으로 높은 집이 들어올 텐데, 회색이나 녹색 지붕을 보면서 일어날 순 없잖아요. 콘크리트를 타설하고 양생하는 과정에서 제물치장을 가미해 쇠흙손으로 물이 빠질 때까지 콘크리트 표면을 꾹꾹 눌러주면 강도가 높아지면서 자연 방수가 되는데, 그 방법을 적용했어요. 천장고는 의도적으로 높았고, 자연광이 부드럽게 퍼지면 좋겠다 싶어 상부에 창문을 달았고요. 우리 사무실이 추구하는 키워드가 있어요. 인식과 불확실성, 그리고 물성. 처음에는 창문과 계단이 있네 하고 그냥 지나치지만, 반복해서 보고 밟고 느끼다 보면 어느새 인식이 되지요. 쓸모의 포인트와 영감의 원천은 어쩌면 불확실해요. 본연의 물성이 드러나는 건축이 아름답고요. 생각과 감각을 플랫하게 만드는 건축을 경계합니다."

과감함도 눈에 띈다. 전면을 창 하나 없이 막아버린 결단이 대표적이다. "전면으로 창이 열리고 사람들이 왔다 갔다 하면 힘들 거라 판단했어요. 김현성 작가에게 언젠가 가족이 생기더라도 '분리되는' 시간과 삶이 있으면 좋잖아요.(웃음) 그런 상상을 하면서 과감한 선택을 했습니다. 하지만 답답하지 않아요. 옆으로 창을 크게 내 숲과 산이 시원하게 보이거든요." 고정값을 최대한 두지 않고 여기저기 큰 숨구멍처럼 '보이드'를 만들어 넣은 건축. '열린 결말'의 집은 그 유연한 사고로 애정의 유효기간이 더 길 것 같다.

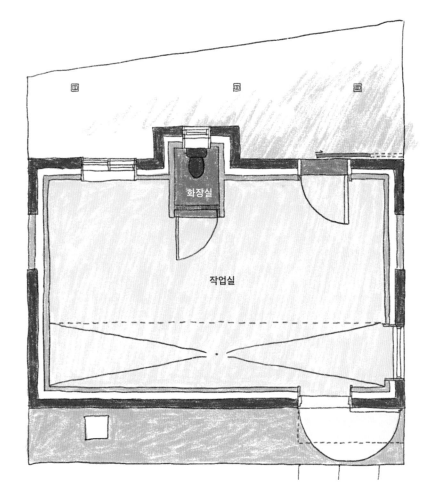

나만의 건축가를 찾아서

집을 짓기로 결정하는 순간 큰 바윗 덩어리가 되어 머릿 속으로 먼저 들어오는 것이 건축가지요. 어떤 건축가에게 집을 맡겨야 하나? 막연하고도 아득한 고민이 시작됩니다. 평소 이 사람이다! 하고 점찍어둔 이가 있다면 다행이지만 그렇지 않은 경우라면 어디서, 무엇을, 어떻게 찾아야 할지 난감합니다. 그래도 요즘엔 상황이 낫습니다. 건축가도 SNS나 유튜브, 책이나 매체와의 인터뷰를 통해 자신의 생각과 스타일을 열심히 발신하니까요(페터 춤토어처럼 그렇지 않은 은둔의 건축가도 있지만 그런 침묵 역시 많은 것을 말해주지요).

이 단계에서 중요한 것은 본인이 어떤 스타일과 재료, 그리고 구조와 배치의 집에 끌리는가를 탐색하는 겁니다. 시간이 걸려도 되고, 리스트가 많아도 됩니다. 그다음에는 그렇게 나온 결과치를 들고 비슷한 결의 친구 집이나 스테이를 찾아가 그 결정이 맞는지를 확인하면 좋습니다. 직접 가서 보고, 느끼고, 만지다 보면 거름망으로 불순물을 거르듯 좀 더 선명하고 간결한 답안이 나오지요. 내외부를 노출 콘크리트로 마감한 집을 좋아하는 줄 알았는데 역시 따뜻한 느낌의 목재가 좋다거나, 비밀 아지트가 생기는 것 같아 반겼지만 침침한 지하실은 별로라거나, 막상 옥상에 올라가보니 굳이 필요 없겠다거나…. 좋아하는 것과 별로인 것, 싫어하는 것만 비교적 명확하게 구분해놓아도 집 짓기가 한결 쉬워지지요.

건축가를 고를 때 많은 분이 하는 실수가 있습니다. 바로 '나'를 잊어버리는 겁니다. 생각의 축이 건축가에게 확 쏠려버리지요. 그렇게 내가 기준이 되지 않고 건축가가 고정값이 되어 버리면 집을 짓고 나서도 계속 문제가 생깁니다. 마감재부터 구조까지 더 나은 선택이 있지 않았을까? 하는 후회와 의심이 도돌이표처럼 반복되는 거지요.

좋은 사람과 좋은 집을 짓는 것이 목표가 되도록

집을 짓고 나서도 탄탄한 신뢰와 애정으로 좋은 관계를 유지하는 건축가와 건축주를 들여다보니 한 가지 공통점이 있더군요. 먼저 '지나치게 간절해지지 않는다' 하는 건축주의 태도입니다. 평생 모은 재산을 투자해 평생 살 집을 짓는데 간절해지지 말라니 무슨 소리냐고요? 당연히 이해합니다. 당연히 최선을 다해야 하고요. 제가 하고 싶은 말은 의도적으로라도 달궈진 열정의 온도를 식히라는 것입니다. 여러 건축가의 퍼포먼스와 커리어, 작업 방식을 들여다보고 지인에게 특정 건축가를 소개받은 후 집이 지어지는 과정을 옆에서 지켜보니 모든 것을 다 잘하는 건축가는 많지 않았습니다. 아니, 그런 신神 같은 건축가는 없다고 봐도 무방합니다. 건축가가 유명하면 그와 함께하고 싶어하는 돈 많고 권력 있는 건축주도 그만큼 많아 내 프로젝트에는 세세하게 신경을 못 쓰는 경우가 있고, 설계는 너무 훌륭한데 시공사와 협업이 필수인 '현장'이나 구청의 협조를 받아야 하는 각종 행정에 약한 분도 있습니다. 처음에는 열성적이고 성실했는데 하자를 처리하는 과정에서 실망하는 경우도 있고, 매일의 공정을 정확하게 공유하지 않아

"이때 내가 매사에 너무 간절하면 필시 문제가 생깁니다. 쉽게 해결점을 찾을 수 있는 일에도 화를 내고 좌절하지요. 그렇게 되면 집 짓기가 돌연 고행길이 되고 맙니다. 유머도 여유에서 나오고, 집 짓기의 기술도 여유에서 나옵니다. 누구도 완벽할 수 없고 어떤 일도 발생할 수 있는 것이 집 짓는 일이라고 생각하면 어떨까요?"

엉뚱하게 마감을 해놓는 일도 다반사지요. 문제는 실제로 일을 함께해보지 않는 이상 나와 함께하는 건축가의 어디가 아킬레스건인지를 모른다는 겁니다.

이때 내가 매사에 너무 간절하면 필시 문제가 생깁니다. 쉽게 해결점을 찾을 수 있는 일에도 화를 내고 좌절하지요. 그렇게 되면 집 짓기가 돌연 고행길이 되고 맙니다. 유머도 여유에서 나오고, 집 짓기의 기술도 여유에서 나옵니다. 누구도 완벽할 수 없고 어떤 일도 발생할 수 있는 것이 집 짓는 일이라고 생각하면 어떨까요?

하지만 이런 마음가짐과 태도도 건축가가 괜찮은 사람이어야 한다는 전제에서 시작합니다. 막상 겪어보니 '별로'인 사람이라면 대화하는 것조차 싫어지면서 의욕과 기대가 훅 꺾이지요. 우리가 건축가에게 기대하는 것은 어쩌면 아주 작은 것입니다. 그저 최선을 다하는 것. 자신의 집을 지을 때처럼 여러 각도에서 공간을 들여다보고 최적의 방법을 찾아내고 디테일을 챙기면 크고 작은 난관이 닥치고 문제가 발생해도 기꺼이 이해하고 감수할 수 있습니다. 때문에 건축가를 고를 때 실력보다는 태도를 눈여겨보라고 말하고 싶습니다. 직감과 감성에 가중치를 두라고요. 그 사람의 됨됨이를 3D 도면처럼 입체적으로 정확하게 파악하는 것은 불가능하지만 그가 사무실에서 직원을 대하는 태도나 말의 내용, 나의 말을 경청하는 태도, 약속 일정 준수 등을 유심히 살피다 보면 그 사람의 됨됨이가 어느 정도는 보이지요. '좋은 사람과 좋은 집을 짓는다'고 생각하면 간단합니다. 무언가를 털어놓고, 상담하는 것이 불편하거나 그 사람 앞에서는 왠지 솔직해질 수 없다면 그 건축가는 나를 위한 건축가가 아닙니다.

마지막으로 이 집이 모든 것을 걸고 베팅하는 단 한 번의 기회이자 도전이라 생각하지 않으면 좋겠습니다. 주변을 보니 한 번 집을 지어본 사람은 2~3년이 지난 후 슬슬 또 다른 집을 꿈꾸더라고요. 더 큰 자신감과 확신을 갖고 말이죠. 생각이 그쪽으로 향하는 한, 기회는 반드시 또 오고 꿈을 이룰 수 있다고 믿습니다.

Chapter 03

자연 속에 지은 집

건축가 이병엽+음향 감독 이규헌의 양평 집
"세 번째 집도 그와 지을 겁니다"

건축가 서승모+김상태·이애라 부부의 김포 집
구석구석, 악기처럼 섬세하게

건축가 이병호+김상연·정병선 부부의 양평 주택
양보하고 포기해서 풍요로워지다

건축가 정재헌+라사라 유주화 대표의 파주 주택
"이 집에서 1백 살이 돼도 행복할 것 같아요"

건축가 이승호+도자 복원가 정수희의 이천 집
고인돌에서 뻗어 나온 모던 하우스

건축가 이병엽

음향 감독 이규헌의 양평 집

"세 번째 집도 그와 지을 겁니다"

'바이아키텍쳐'를 이끄는 젊은 건축가 이병엽. 집에 대한 튼실한 애정과 섬세한 조율을 바탕으로 편안하고, 아름다운 집을 만든다. 직선과 곡선을 적절히 섞고 동선과 라이프스타일에 맞춰 열고 막는 부분을 정밀하게 계산한다. 계단 아래쪽에 대리석 세 장을 쌓아 올려 기단을 만든 데서 보듯 눈과 몸으로 느끼는 감각의 변화를 오롯이 전달하는 데 관심이 많다. 이규헌 씨와 지은 집 소식은 인스타그램 @h21dream을 통해 확인할 수 있다. www.byarchitecture.kr

북송, 천송, 하리와 함께하는 시간은 이규헌 건축주가 가장 좋아하는 휴일 풍경이다.

여기, 두 남자가 있다. 건축주 이규헌과 건축가 이병엽. 1분만 함께 있어도 이들이 서로를 얼마나 좋아하고 신뢰하는지 알 수 있다. 공영 방송국에서 음향 감독으로 일하다 지금은 부서를 옮겨 법제팀에서 근무하는(대학에서 법학을 전공했는데 밴드에서 드럼을 치다 어깨너머로 본 음향 시스템에 꽂히면서 직업으로 삼게 됐다고) 이규헌 씨가 쑥스러운 표정으로 운을 띄웠다. "제가 MBTI의 여러 유형 중 INFP에 끌려요.(웃음) 소장님을 만나 몇 마디 나누었는데 '아, 이분은 예술가구나' 싶었어요. 대학 밴드에서 드럼을 칠 때부터 예술적 영역에 경외심 같은 게 있었거든요. 집을 짓기로 마음먹고 처음 만난 건축가였는데 바로 결정했습니다." 참고로 INFP는 이런 사람. '내적 신념이 깊고 철학적 고민을 자주 한다. 이해심이 많고 관대하며 개방적이다. 공유된 가치에 기반한 깊고 의미 있는 관계를 갈망한다.' 아, 건축가란 직업에도 무척 잘 어울리는 기질이다.

이병엽 건축가에 대한 이야기로 넘어가기 전에 이규헌 건축주에 관한 이야기를 조금 더 해보자. 이번 양평 집은 그의 두 번째 집 프로젝트인데, 이 말이 유독 기억에 남는다. "아내와 저는 애초부터 집으로 재테크를 해야지 하는 생각이 없었어요. 그저 좋은 집을 지어서 잘 살면 좋겠다 싶었지요. 주변 선배들이 교육과 부동산을 삶의 중심에 두고 사는 것이 좀 이해가 안 됐어요. 그런 삶은 계속 지나가버리는 삶 같았거든요. 저는 집에 머물고 싶었어요. 비 오는 날에는 방이나 거실에서 빗소리를 듣고, 여름에는 느긋하게 마당에서 수박을 잘라 먹는 거죠. 부동산 투자를 열심히 하는 분들을 보니 마지막에 큰돈을 버는 것도 아니더라고요. 평가 금액일 뿐, 당장 손으로 만질 수 있는 돈이 아니고 같은 수준으로 이사를 할라치면 주변 시세도 그만큼 올라 있으니까요. 원하는 삶에 어떻게 하면 이를 수 있을까 고민을 많이 했어요. 그러다 소장님을 만났지요."

"이분은 예술가구나"라는 말에 쑥스러운 듯 엷은 미소를 짓고 있던 이병엽 건축가는 '잘 듣는 사람'이었다. 멋쩍어하면서도 상대방의 말을 끊거나 손사래를 치지는 않았다. 그러다가도 자신의 차례가 됐을 때는 또 자연스럽게 말을 보탰는데 과하지도, 부족하지도 않은 명료함이 있었다. 모든 프로젝트에 함께하는 전담 시공사가 있고, 건축주와 미팅할 때부터 시공사 대표와 함께한다는 내용이 특히 신선했다. "처음 미팅과 설계 단계에서는 서로 좋은 마음이었다가 공사가 시작되면 현장 상황이나 예산 같은 이런저런 문제로 설계안이 틀어지고 관계도 어긋나는 경우를 많이 봤거든요. 미팅할 때 최대한의 예산을 물어보고 시공사 대표님과 긴밀하게 협의를 해요. 소재를 고급 사양으로 바꾸는 등의 큰 문제가 아닌 한 가급적 그 비용을 맞추려 노력합니다." 그뿐 아니다. 계약이 체결되면 가족 구성원을 모두 사무실로 초대해 약 다섯 시간 동안 워크숍을 진행한다. 각자 어떤 공간을 원하고 꿈꾸는지 확인하는 시간. 가족과 뒤엉켜 보낸 지난 시절과 앞으로의 기대가 교차하면서 가족 중 한 명은 꼭 눈물을 보인다고. 이병엽 건축가에게 '집'은 그런 의미다. 가족 구성원 하나하나 마음 상할 일 없게 실제 앞뒤만을 세심하게 체크하고 본인도 온전히 마음과 시간을 쏟는.

현관을 지나 왼쪽으로 발걸음을 옮기면 나타나는 풍경. 부러 직선 대신 곡선의 동선을 택했다.

무용수의 드레스처럼 층층이 입체적이고 우아한 라인을 그리는 선과 면들.

훤하고 환한 공간, 그 안의 우아한 리듬

이제 본격적으로 집 이야기를 시작해보자. 대지 면적1037m²(약 3백13평)에 2층 규모로 들어선 이곳은 모던하고 깨끗한 모습이다. 거실과 주방에서 바라보면 널찍한 정원과 단독주택 단지를 지나 저 멀리 남한강이 보인다. 볕이 좋은 날이면 수면에 윤슬이 왁자하게 반짝인다. 이규헌·조은혜 부부의 보물이자 자식인 진돗개 가족 북송(아빠), 천송(엄마), 하리(아들)는 유리 울타리 너머로 저쪽 세상 구경하는 걸 좋아한다. 마감재는 흰색 벽돌 타일. 줄눈을 안쪽으로 파내지 않고 돌출되도록 해 박서보나 이우환 화백의 작품처럼 은근한 율동감이 느껴진다. 내부는 시원한 천고와 확 트인 개방감이 특징이다. 첫 번째 집이 오밀조밀 잘 짜인 곳이어서 이번에는 크고 넓은 호쾌함을 주요한 좌표로 삼았다. 이병엽 건축가의 특기인 리듬감도 눈에 들어온다. 벽난로 위쪽 벽면을 큰 부조 작품처럼 마감했고, 나무로 몸체를 만들어 긴 조각처럼 만든 커튼 박스는 왼쪽에 이르러 부드럽게 휜다. 한 발짝 떨어져 이 리듬을 보고 있으면 선과 면이 만나 크고 우아한 춤을 추는 것 같은 느낌을 받는다. 섬세한 구획은 이 밖에도 여러 곳에서 발견된다. 진돗개 가족이 편하게 외출 준비를 할 수 있도록 바닥을 넓게 뺀 현관 지붕 위로는 작은 천창을 냈고 (그렇게 귀여운 천창은 처음 본다) 운동장처럼 넓은 거실은 작은 통로를 지나 왼쪽으로 방향을 틀면 비로소 만날 수 있도록 했다. 단차와 선반, 툇마루를 이용해 입체적 동선을 만든 것도 돋보인다. 계단을 올라가 주방과 다이닝룸이 있고, 주방에서 안방으로 갈 때는 다시 몇 계단을 내려가야 한다. 2층의 하이라이트는 단연 평상 위 티룸이다. 원목으로 만든 마루 위, 방석 같은 낮은 의자에 앉으면 창문 너머로 파란 하늘과 호젓한 풍광의 남한강이 가깝고도 아득하게 펼쳐진다. 이른 아침이나 늦은 저녁, 비가 오거나 눈이 날릴 때는 비현실적으로 적막한 풍경이 만들어진다.

건축가가 지은 집을 취재하면서 한 번씩 크게 와닿는 부분이 있다. 집을 지어보고 싶고 집에서 보내는 시간을 좋아하는 이들에게 가장 요긴한 능력 중 하나는 공간 상상력이 아닐까 싶은. 그 상상력에 살이 붙고 피가 돌기 시작하면 집 짓기는 어떤 유희보다 즐겁고 보람찬 시간이 된다. 이규헌 건축주도 그랬다. 인천 청라 지구에 첫 집을 지을 때 '렌트 하우스' 콘셉트를 적용해 부부가 집에 없을 때는 다른 이들이 공간을 사용할 수 있도록 했다. 이번 양평 집도 마찬가지. 각종 화보나 CF 촬영 장소로도 활용할 수 있어 여러 곳에서 문의가 많다. 안방을 주방 아래, 거실에서 전혀 보이지 않는 안쪽으로 아지트처럼 숨겨놓은 이유도 이 때문이다.

이병엽 건축가 역시 공간 구성에 관한 다양한 옵션을 제안할 수 있는 사람이다. 10대 때부터 엄마와 배낭여행을 다니며 여러 공간을 체험했다는 그의 얘기가 어찌나 재밌던지. "방학 때마다 국내외로 여행을 다녔어요. 절에서 몇 주를 보내고 유럽에서 또 몇 달을 보내기도 했지요. 학원은 안 다녔습니다. 그때부터 공간이 주는 힘을 믿었어요. 공간이

주방에서 몇 계단 내려가면 나오는 침실. 정원을 지나 저 멀리 남한강의 윤슬까지 아스라이 펼쳐지는 곳이다.

환하고 훤하면서도 리듬감 있는
집. 엇갈려 쌓은 나무 기둥과
툇마루, 단차와 계단, 곡선으로
마감한 나무 벽면이 개성 있는
모습을 만들어낸다.

개인의 삶에 얼마나 큰 영향을 미치는지도 알게 됐습니다. 건축가란 꿈도 꾸게 되었고요. 엄마 몸이 안 좋아지고 더 이상 외국에도 못 나가게 되면서 단독주택을 임대해 스테이로 바꾸었습니다. 상호는 '서울방학'. 한정된 예산으로도 마당 있는 집에서 살 수 있었고, 손님은 외국인 관광객만 받았습니다. 집에 있으면서도 해외여행을 떠나온 것 같은 기분을 엄마에게 선물하고 싶어서요. 집이 우리에게 줄 수 있는 가치와 확장 가능성은 무궁무진합니다. 그 세계에 관심 있는 분들과 다양한 일을 해보고 싶어요." 이규헌 씨가 이병엽 건축가의 말에 공감하며 가만 고개를 끄덕였다. 언젠가 그가 세 번째 집을 짓는다면 건축가는 그때도 이병엽이 될 거란 확신이 들었다.

아래 이 집을 찾는 손님들에게도 인기가 많은 2층 마루 공간. 저 멀리 남한강의 모습이 평화롭다.
오른쪽 심플한 사각 구조로 구현한 외관. 시간이 날 때마다 넓은 마당에서 진돗개들과 공놀이를 하며 즐거운 시간을 보낸다.

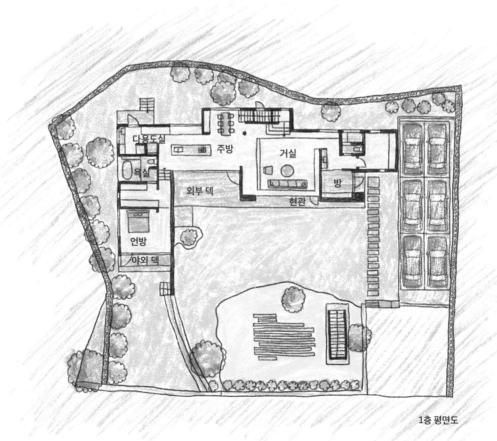

다용도실

주방

거실

욕실

외부 덱

방

현관

언방

야외 덱

1층 평면도

건축가 서승모

사업가 김상태·이애라 부부의 김포 집

구석구석, 악기처럼 섬세하게

서승모 건축가가 인터뷰를 통해 자주 하는 말이 있다. "주변에 자연스럽게 묻히는 것이
좋아 튀지 않으려고 노력했다." 어떻게 하면 자신의 작업을 눈에 띄게 할지 고민하는
이가 많은 현실에서 그는 늘 자신의 작업이 애초의 풍경에 편안하게 녹아들길 바란다.
그렇다고 작업물이 심심하고 덤덤한 것은 아니다. 좋은 옷감으로 잘 재단한 옷을 입은
사람처럼 존재감이 확실하다. 고요한 힘이 있다. 그가 지은 집의 매력은 내부에서도
오롯이 전해진다. 나무를 많이 사용하고 마감재도 세심하게 선택해 공간에 들어가
있으면 무척 편안한 기분이 든다. 건축 사진가 진효숙은 "서승모 건축가는 보기 좋은
집이 아니라 살고 싶은 집을 만든다"고 했다. 2010년부터 사무소효자동을 이끌고 있는
그는 일본 교토에서 태어나 경원대학교를 졸업했으며 동경예술대학 건축학과에서
미술학을 공부했다. www.samusohyojadong.com

집에 들어서면서도, 거실에서 바라볼 때도 큰 숨구멍이 되는 정원

땅과 정원이 있는 사람에게 4월은 손이 바쁘고 마음이 촉촉해지는 달이다. 《정원가의 열두 달》을 쓴 체코의 문필가 카렐 차페크Karel Capek도 얘기하지 않았던가. "정원가에게 4월은 가장 축복받은 달. 웅크리고 앉아 잠깐 숨을 멈추고 폭신폭신한 흙 속에 손가락을 살짝 찔러 넣어보라. 단단히 영글었지만 한없이 연약한 싹눈이 손끝에 닿을 것이다. 입맞춤의 느낌을 어떤 말로도 설명하기 어렵듯, 이 기분 역시 마찬가지다."

4월이 깊어갈수록 김상태·이애라 부부도 정원에서 보내는 시간이 많다. 며칠 전에는 모종삽을 들고 어디에 무엇을 심을까 즐거운 고민을 하며 반나절 내내 정원 일을 했다. 그렇게 새로 뿌리를 내린 '아이'들은 울릉도가 고향으로 향이 1백 리를 간다고 해 이름 붙은 섬백리향, 여리고 보드라운 흰 꽃이 아름다운 이베리스, 긴 꽃자루 위에 한 송이 꽃이 피는 청화국. "모두 여리여리 잔잔한 꽃들이에요. 바람에 한들한들 흔들리는 모습도 예쁘고. 저는 그런 꽃이 좋더라고요." 이애라 씨가 행복한 얼굴로 말하자, 그런 그녀의 얼굴을 남편은 사랑스러운 눈길로 바라본다.

취재를 하는 동안 내내 기분이 좋았는데, 몽글몽글 부부의 사랑이 느껴졌기 때문이다. 부동산 임대업과 함께 농산물을 가공하고 소분해 삼계탕에 들어가는 재료를 포함, 다양한 식품을 유통하는 김상태 씨는 지인들 사이에서 '김포의 최수종'이라 불릴 만큼 아내 사랑이 지극하다. 한옥에서 유년 시절을 보내 늘 '땅집'을 향한 그리움이 있던 아내에게 이 집을 선물한 것도 그다. 물론 함께 일군 재산을 쏟아부은 거지만, 세상에는 쓰레기 분리수거 하나까지 트집을 잡으며 단독주택으로 이사하는 것을 반대하는 남편도 많다. "연애 기간이 짧아서 그런지 애가 셋인 지금까지 권태기는 경험해보지 않았어요. 아내 입장에서는 저한테 '올인'을 한 거잖아요? 제가 잘해야지요." '김포 최수종'의 말이다. 아내의 말도 재미있다. "남편도 아파트에 딱 맞는 사람은 아니었어요. 어릴 때부터 동네에서 인사 잘하기로 소문난 사람을 만나면 '안녕하세요?' 하고 말을 거는데, 아파트 문화에서는 그게 불편한 거예요. 잘 모르는 사람이 대뜸 인사를 하니까. 엘리베이터를 타서도 그렇게 인사를 건넸다가 무안해 지는 경우가 몇 번 있었는데, 저희 집이 23층이었거든요. 1층까지 내려가는 시간이 힘들었어요.(웃음)"

그런 아파트를 떠나 이곳으로 이사 온 것이 2020년 6월. "동네 사람들과 어울려 사는 것이 가장 큰 즐거움이에요. 택지 지구에 땅을 사면 의무적으로 텃밭도 구입해야 해요. 여러 가구가 공동으로 일구는 밭이라 자연스럽게 이웃과 교류하게 되지요. 토마토를 주면 옥수수가 돌아오고, 감자를 건네면 파가 배달되고요. 드라마 <응답하라 1988> 속 같은 모습이 만들어지는 거예요. 이렇듯 자연스럽게 물물교환을 하고 그러면서 서로 정도 쌓이지요. 아이들이 열다섯 살, 열세 살, 여섯 살인데 동네에 또래가 많다 보니 스스럼없이 이 집 저 집 옮겨가며 놀아요. 그러다 부모끼리도 친해져서 언제 차나 한잔, 언제 바비큐나 한번 하고 모임이 이루어지고요. 무엇보다 이웃들이 건축과 인테리어에 관심이 많잖아요. 서로 집 구경을 하며 마감재며 가구며 인테리어에 관해 이야기할 때가 많아요."

한지 창호로 마감해
편안하면서도
점잖은 기품이
묻어나는 보조 주방.

131

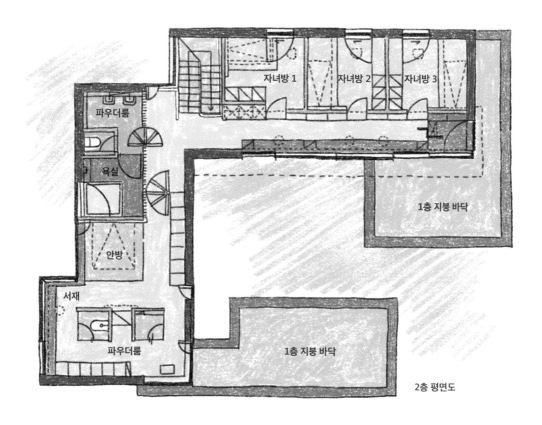

자녀방 1

자녀방 2

자녀방 3

파우더룸

욕실

안방

서재

파우더룸

1층 지붕 바닥

1층 지붕 바닥

2층 평면도

1 나무를 리드미컬하게 배치해 병풍을 두른 듯한 느낌을 주는 내부.
2 바닥에 단차를 줘 더욱 아늑한 느낌이 드는 미디어룸. 안쪽으로는 사각 다실이 들어섰다.
3 한 단을 높여 신발을 벗고 발을 디디도록 디자인한 현관.
4 부부가 고심해서 선택한 히노키 욕조. 욕실 문을 열면 편백나무 향이 훅 끼쳐온다.

건축과 인테리어에 관심이 많은 이웃들에게도 이 집은 유독 '빛나는' 곳이다. 대학에서 동양화를 전공한 남편은 자연스레 체득한 미감을 무기 삼아 식탁을 직접 디자인했고, 미닫이 형태로 만든 현관의 중문과 2층 옷장에는 부분부분 검은 문양의 무늬목을 입혀 고급스러움을 더했다. 집에 놀러 온 사람들이 가장 놀라는 공간은 욕실의 좌변기. 통유리로 마감해 변기가 훤히 보이는데, 사선으로는 이웃집 창이, 그 너머로는 생태공원이 보이는 곳에 떡하니 자리 잡고 있어 보는 사람마저 살짝 부담스럽다. 이런 반응에 대한 김상태 씨의 말. "하하, 햇빛이 쨍하게 비치면 바깥쪽에서는 내부가 안 보이거든요. 그리고 자연을 보며 시원스럽게 배설하고 싶다는 '로망' 같은 게 있었어요.(웃음)" 변기는 일본 토토Toto에서 직접 주문한 제품. "대학을 졸업하고 일본에서 음향 공부를 했거든요. 덕분에 일본어를 좀 할 줄 아는데, 아내를 위해서라도 욕실 제품만큼은 특히 좋은 걸로 설치하고 싶어 주문을 했지요. 히노키 욕조도 그런 마음으로 들여놓은 거고요. 그런데 히노키 욕조는 관리하기 힘들긴 해요. 너무 마르면 갈라지고 습하면 곰팡이가 피기 때문에 사용한 후에는 솔로 꼭 문지르고 건조도 잘해야 해요. 아내 다음으로 어려운 것 같아요.(웃음)"

인테리어도 훌륭하지만 하드웨어도 좋다

386.60㎡(약 1백16평) 땅에 들어선 이층집을 설계한 이는 건축가 서승모. 고요하면서도 우아한 결과 분위기의 집을 짓는 그는 한옥의 ㅁ자집처럼 마당을 중심에 두고 거실과 주방, 아이들 방을 배치해 어디에 있든 자연의 변화와 시간을 보고 누릴 수 있도록 했다. 장독대가 있는 쪽으로 작은 다실을 만들어 넣었고, 다이닝룸을 오픈형으로 크게 구획해 주방의 시간이 평화롭고 시원스레 흐르도록 했다. 미디어룸의 바닥면을 살짝 낮게 만들어 한층 편안한 느낌으로 TV를 볼 수 있도록 했고, 건물의 면이 너무 압도적으로 보이지 않도록 중간중간 스테인리스로 보일 듯 말 듯 얇은 선을 넣었다. 미닫이 창문을 한지로 마감해 집 안에 은은한 빛이 감돌도록 한 점도 돋보인다. 차분하고 고요하게 흐르는 집의 시간을 위해 작은 것까지 섬세하게 조율한 흔적들. 구석구석 감탄이 절로 나왔는데, 김상태·이애라 부부가 서승모 건축가를 '은인'이라 칭하는 이유가 무엇인지 알 것 같았다.

누군가의 '라이프스타일'이라고 하면 편애하는 브랜드의 조명과 가구, 테이블웨어가 넝쿨처럼 쏟아져 나와야만 할 것 같다. 하지만 그 모든 것을 담고 아우르는 집 자체가 내가 바라던 대로 맞춤하게 지어지면 이런 소프트웨어에 생각보다 관심이 가지 않고, 돈과 에너지도 덜 쏟게 된다. 세 자녀의 방이 조르르 연결된 2층 통로 창문 맞은편이 서향. 오후 2~3시가 되면 그쪽으로 풍성한 햇빛이 드리우는데, 그런 풍경만 바라보고 있어도 삶이 좋아진다. 바람이 시원한 날, 마당으로 나가 맥주 한 캔만 들이켜도 더 이상 바랄 게 없다는 마음이 든다. 자녀가 셋인데도 집이 잡지 화보처럼 깨끗하고 단정해 놀랐는데, 이런저런 가구와 조명을 들이지 않은 덕분이다. "남편이 손유영 동양화가의 작품을 두 점 가져왔는데, 좋아하는 건 그렇게 천천히 하나씩 채우면 되는 것 같아요. 심심하지도, 공허하지도 않아요. 집에 있으면 빛이 계속 바뀌거든요. 그런 자연의 흐름만 가만 보고 있어도 마음이 편안해져요. 내가 이렇게 자연을 자주 들여다보는 사람이었나 싶죠. 따로 옥상을 만들지 않은 대신 월동하는 섬기린초를 가득 심었는데, 7월경에 주황색 꽃이 피기 시작하면 정말 예뻐요. 노을이 그 꽃들을 비출 때는 특히요. 땅집에 살게 되니 손이 바빠요. 다음 주에 친정엄마랑 된장을 담그기로 했어요."

가구와 조명 대신 집에 데려온 것은 고양이 '로이'와 '구름이'. 구름이가 임신 중이라 배 속에 있는 새끼 여섯 마리가 태어나면 고양이 여덟 마리와 사람 다섯 명이 함께 사는, 그야말로 대가족이 된다. 생각하기에 따라서는 아찔할 수도 있지만 이 부부는 유튜브를 보며 기꺼이 구름이의 출산 준비를 하고 있다. 큼지막한 종이 박스를 가져와 '출산 방'도 만들어두었다. 이애라 씨의 인스타그램(@luna.a_ne)을 보면 따뜻한 햇살 아래 한가롭게 볕을 쬐고 집 안으로 들어온 벌레를 권투하듯 잡고 있는 로이와 구름이의 사진이 많은데, 영화 속 한 장면처럼 따뜻하고 아늑하다. 그렇게 이 대가족의 하루가 또 흘러간다.

아파트 생활을
그만두고
단독주택에서 산 지
약 4년.
부부는 택지 지구에
딸린 공동 텃밭을
일구며
이웃과 함께하는
시간을 포함해
모든 것이
너무 좋다고 했다.

건축가 이병호

김상연·정병선 부부의 양평 주택

양보하고 포기해서 풍요로워지다

이병호 건축가는 한울 건축사사무소와 원오원 아키텍츠에서 실무를 익혔다. 독립해
가장 먼저 했고 지금도 가장 많은 비중을 차지하고 있는 프로젝트가 주택. 먼저 함께한
건축주들이 지인들에게 계속 추천을 하면서 양평을 중심으로 그가 지은 집들이 점점
많아지고 있다. 다양한 주택 프로젝트와 현대카드 팩토리, CJ 경영연구소를 담당했다.
건축사사무소 오롯의 대표이며, 전주대학교 건축학과에 출강 중이다. 사람에게 집중해
균형과 온기가 있는 공간을 다듬어가는 것이 스스로 생각하는 건축의 본질이자
오랫동안 추구하고 싶은 오롯의 미학이다. www.oroat.com

나무와 벽돌 타일, 콘크리트가 단정하게 맞물린 외관

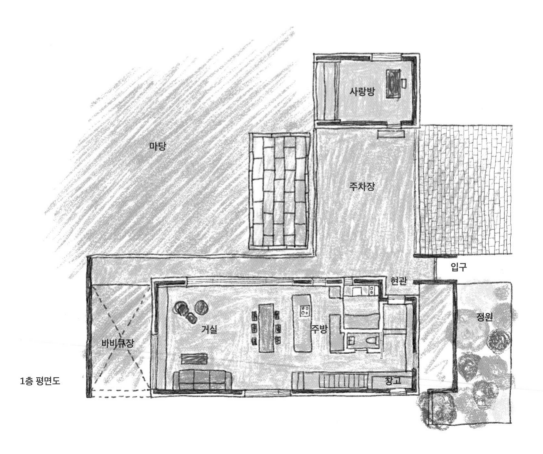

마당

사랑방

주차장

입구

현관

바비큐장

거실

주방

정원

창고

1층 평면도

문호리 주택은 양평 초입에 있어 강원도와 가까워지면서 바뀌는 호방한 기운 대신 찬찬하고 서정적 분위기를 뿜는다. 땅값도, 집값도 그만큼 비싸다. 김상연·정병선 부부에게 이곳은 양평에 지은 두 번째 집. 중학교에 다니는 딸이 있는데도 비교적 빨리 '양평행'을 결심할 수 있던 이유는 시골에서 주말을 보내며 느낀 시간의 느긋함과 몸의 가뿐함 덕분이었다. "지인의 농장에서 주말을 보내며 블루베리 경작을 도와준 적이 있어요. 공기 좋은 곳에서 몸을 쓰며 시간을 보내서인지 월요일에 출근 준비를 할 때 그렇게 기분이 좋은 거예요. 그 전에는 월요일이 '지옥'이었는데 말이죠.(웃음) 비교적 시간 제약을 덜 받는 직업이다 보니 '시골에서 살자!' 과감히 결단을 내릴 수 있었습니다."

이런 얘기를 들으면 나는 늘 아내 입장이 궁금하다. 어떤 아내는 "응, 혼자 가~" 하고 말할 것이고 또 어떤 아내는 "그래? 나도 한번 해볼까?" 할 텐데 정병선 씨는 후자였다. "어릴 때부터 서울에서 살았어요. 아파트에 산 기간도 길고요. 그런데 막상 양평에 들어와 살다 보니 너무 좋아요. 직장에서 사정을 봐주어서 일주일에 세 번만 출근하는데, 그 주기도 딱 좋고요.(웃음) 일 때문에 밖에 나갈 일이 있으면 뭔가 답답하고 빨리 집으로 들어오고 싶어요. 양수리에서 넘어오는 길과 주변이 잘 정돈되어서 집이 가까워질수록 벌써 마음이 행복해져요. 마당에 가만 앉아 있어도 너무 좋고요."

집을 짓는 일은 땅을 읽는 일

나지막하고 고즈넉한 집의 바탕과 비결은 설계에 있다. 건축주의 낙점을 받은 이병호는 젊은 건축가답게 성실하고 주의 깊게 땅을 살폈다. 그렇게 땅의 표정과 기운, 기세와 입지를 읽어내는 것은 집을 지을 때 가장 중요한 일. 그 일을 제대로 해내고 나면 형태와 외장재 등은 자연스럽게 몇 개의 선택지를 보여준다. 건축가는 40대만 해도 신참이고 적어도 50세는 넘어야 비로소 실력이 나온다고 한다. 이는 면밀한 분석의 대상이 시간과 날씨에 따라 매번 다른 얼굴을 보여주는, 경험이 쌓이면 쌓일수록 오히려 수수께끼 같은 '땅'이기 때문이다. "땅에 도착해 방향을 먼저 살폈는데, 거실 창을 남향으로 내는 게 힘든 상황이었어요. 3층 높이의 집이 한 채 올라가 있어서 건축주의 집을 내려다보는 형국이었지요. 그러던 중 맞은편에 있는 푯대봉이 눈에 들어왔어요. 너무 가깝지도 멀지도 않은 곳에 있는 둥글고 편안한 기운의 숲인데, 유독 환하더라고요. 터를 기준으로 보면 북쪽에 서 있는 셈이니 종일 남향 빛을 받는 거죠. 기분이 좋았어요. 만약 푯대봉이 남향에 있었다면 역광이 되면서 종일 어두웠을 거예요. 운이 좋게도 왼쪽으로는 또 고래산이 있어요. '이 풍경을 집으로 가져오자' 하는 마음이 들었습니다." 남향을 포기하고 북쪽으로 거실 창을 낸 집은 이런 이유로 온화하고 아늑하다. 북향은 드라마틱하지는 않지만 종일 잔잔한 빛을 뿌려 거실에서 정원과 그 너머를 바라보다 보면 마음이 이내 차분해진다.

또 하나 돋보이는 점은 주차장을 집 안쪽으로 5m가량 밀어 넣어 마련한 지붕. 주차장이 도로와 면해 있으면 프라이버시가 확보되지 않는 데다 집에 처음 들어오는 기분

1 마당 안쪽에서 바라다본 주택 전경. 반듯하게 구획한 잔디밭과 사각 건물이 근사하게 어우러진다.
2 거실 옆에 자리한 야외 공간. 봄과 가을에는 바비큐장으로 애용한다.

한쪽으로는 드넓은 정원이, 또 다른 한쪽으로는 아담한 사각 정원이 선물처럼 펼쳐지는 1층 거실.

1, 2 2층에서 내려다본 선과 면이 조합이 근사하다. 3 위층의 외부 공간은 옥상으로까지 자연스럽게
연결된다. 옥상에서 바라보는 주변의 숲과 산, 이웃 마을 모습이 따스하다. 4 마당에 철제 야외용 가구를 두고 여유를
즐기는 김상연·정병선 부부. 집의 풍요로움과 아늑함 속에서 오늘도 행복하다.

도 왠지 모르게 빡빡해진다. 명목은 주차장이지만 차는 바깥에도 댈 수 있으니 넓은 지붕 아래 캠핑 의자를 갖다 놓고 마음 편히 비 구경을 할 수도, 부부와 아이가 번갈아가며 배드민턴을 칠 수도 있다. "주차장 옆으로는 매스의 한쪽 부분을 길게 빼서 작은 정원을 만들었어요. 집 안에서 봤을 때도 막힌 벽이 있는 덕분에 한층 고요한 분위기가 만들어지지요. 풍경을 잘 '여는' 것도 중요하지만 '막는' 것도 그만큼 중요해요. 그래야 열린 풍경이 더 부각돼서 아름답게 느껴지거든요. 입구는 부러 좁게 만들었는데, 그렇게 현관을 지나 반외부 공간인 주차장(처마 밑이라고 해도 좋을)을 지나면 정원이 뻥 뚫리면서 와락 펼쳐지는 거예요. 고요함과 시원함이 모두 있는 공간을 만들고 싶었어요."

잔소리와 참견도 당연히 생략

흔히 세상에서 제일 재미있는 것이 남의 집 구경이라는데, 그 구경을 건축가가 함께 해주면 관심과 흥미가 배가된다. "마당 크기에도 고민이 많았는데, 옛 선인들의 지혜를 적용했어요. 조선 시대 양반가에 있는 마당이 보통 가로세로 기준 10~12m 정도예요. 크지도 작지도 않지요. 오랜 고민과 경험 끝에 휑하지도 않고 답답하지도 않은 최적의 크기를 찾은 겁니다. 거실에서 바라보면 오른쪽으로 앞집이 보이는데, 그곳에만 살짝 둔덕을 만들었어요. 남편분을 위한 사랑방도 만들어드렸는데, 바깥에 처마 공간이 있어 그늘 속에서 바깥 날씨와 정원을 감상할 수 있지요. 풍부한 표정을 위해 바비큐장에는 지붕을 안 만들었고 2층에도 발코니를 두 개 설치해 원할 때면 언제든지 밖으로 나갈 수 있도록 했어요. 지붕으로도 연결되는데, 그곳에서 바라보는 풍경이 또 정말 좋습니다. 외장재는 길게 자른 벽돌 타일을 썼어. 가로줄눈 폭을 보통 10mm로 하는데, 저희는 2cm로 했어요. 이렇게 하면 가로선이 강조되면서 수평적 미감이 더 돋보이지요. 두 채의 공간이 ㄱ자로 맞물린 부분도 포인트예요. 거실채 위에 반대쪽에서 온 매스가 툭 얹은 느낌을 주기 위해 처음부터 거푸집을 따로 만들었어요. 이 부분은 건축주 역시 강조한 것으로 품도, 정성도 많이 들어가지만 집의 완성도에 기여하는 바가 큽니다."

좋은 집도 좋은 건축가도 결국 좋은 건축주가 만든다. 일등 공신은 남편 김상연 씨. "경력이 10년 정도는 돼 실력이 있으면서도 젊고 성실한 건축가라야 이 집에 온 마음을 쏟을 수 있을 것 같아" 오랜 스터디 끝에 이병호 건축가를 점찍었다. 그리고 60평 이하의 집은 법적으로 감리가 필요하지 않지만(도시 주택은 30평 이하) 별도의 감리비를 지불하고 건축가에게 진행 상황을 꼼꼼히 체크하도록 부탁했다. 아는 것이 많으면 간섭도 많지만 세세한 참견은 부러, 당연히 하지 않았다.

행복하게 작업을 마무리한 건축주와 건축가는 지금도 서로를 소중하게 생각한다. 이병호 건축가는 "제 아내가 건축주분들을 동쪽에서 온 귀인"이라 부른다고 했다. 김상연·정병선 부부는 집 짓고 싶어 하는 지인들에게 이병호 건축가를 열심히 추천해 문호리 주택 위에 또 한 채의 '이병호표' 집이 올라가고 있다.

건축가 정재헌

라사라 유주화 대표의 파주 주택

"이 집에서 1백 살이 돼도 행복할 것 같아요"

성균관대학교 건축공학과를 졸업하고 프랑스로 건너가 파리 벨빌국립건축대학에서
앙리 시리아니의 지도를 받았다. 미셸 카강 사무실에서 근무하다 귀국, 1998년
아틀리에를 열었다. 경희대학교 건축학과 교수로 재직 중이고, '모노건축사사무소'를
운영하며 삶을 짓는 건축가로 디자인 열정을 쏟고 있다. 완성도 높은 작품으로
서울시건축상 대상, 한국건축가협회상 등 다수의 건축상을 수상했다.
www.monoarchitects.co.kr

정재헌 건축가가 설계한 집은 늘 극도로 정연한 모습이다.

라사라 유주화 대표의 이야기를 듣기 전 정재헌 건축가에 대해 먼저 말해야겠다. '건축가의 집'이란 토크 프로그램을 진행하면서 그가 설계한 집 두 곳을 둘러볼 기회가 있었다. 두 집 모두 치밀하고 정교한 구조와 디테일이 인상적이었다. 안방·거실·욕실을 포함한 모든 공간에 정원이 딸려 있고, 창문 크기는 빛의 양과 방향 그리고 투사 각도까지 계산해 조율했다. 대충 마무리한 '사각지대'도 없었다. 주차장이야말로 첫 환대가 시작되는 공간이라고 여겨 그곳에 사각 연못을 만들어 넣고, 수형까지 살펴가며 그 집에 딱 어울리는 나무를 식재하는 식이었다. 그가 툭 던지듯 한 이 말은 아직껏 선명하게 남아 있다. "대문은 무겁고 집 안에 있는 문은 가벼워야 합니다." 처음 집 안에 들어설 때는 묵직하고 안전한 느낌을 주는 게 좋지만, 안에서는 여닫기 편해야 생활이 경쾌해지기 때문에 손잡이의 질감까지 중요하게 고려해야 한다는 설명이었다. 욕실 바닥 타일, 거실에서 보이는 맞은편 풍경, 집 안으로 흘러드는 바람길 하나하나까지 철저하게 따지는 덕분에 그의 설계 도면은 두껍기로 유명하다. 취재 요청을 위해 연락을 했을 때 그는 이렇게 말했다. "감사하게도 건축주와 대부분 사이가 좋아요. 둘러보실 곳을 정해보겠습니다."

철근콘크리트조에 청고벽돌(편안한 회색빛이 감도는 고벽돌)과 목재로 마감한 집은 사각 정원을 중앙에 두고 본채와 별채로 채 나눔을 한 구조다. 본채에서 사랑방과 별채가 있는 곳으로 건너가려면 잠시 바깥으로 나가야 하는데, 유주화 대표는 그 길을 '골목길'이라 불렀다. 몇 걸음이면 되는 거리지만 매일, 매 순간의 바람결과 소리가 다르기 때문이다. 흔히 이런 구조를 '불편한 건축'이라 하지만 누군가에게는 그 잠시의 불편함이 산뜻하고 상쾌한 소풍길이 되기도 한다. "별채에 머무는 아들이 아침밥을 먹으러 올 때면

1 간단한 보료만 둔 작은 거실. 등을 기대고 정원에 내리는 시간을 들여다보고 있으면 마음에 내적 충만감이 가만 차오른다.
2, 3 별채로 연결되는 노천탕과 통로. 본채에서 가려면 신발을 신어야 하지만, 불편함보다는 짧은 소풍길처럼 즐겁고 싱쾌한 기분일 때가 대부분이다.

1 침실 너머로
바로 바깥 풍경이
펼쳐지면 집 안의
정서가 훨씬
다채로워진다.
2 놀랍도록
깨끗하고 단정한
모습의 외관. 뒤로
펼쳐지는 초록 숲도
그림처럼 아름답다.

우리 강아지 '두리'와 '태평이'를 모두 몰고 본채로 떠들썩하게 건너온다. 아들 말이, 그 순간 무의식중에 마주하는 마당과 주변 풍경이 기분을 무척 좋게 한단다." 유주화 대표가 어느 날 적은 메모다.

사랑방에서 마주하는 풍경은 그야말로 압권이다. 통창 너머로 곧장 송골공원이 보이는데, 저 끝에 있는 나무다리가 소실점 역할을 하며 숲의 풍경이 겹겹이 펼쳐진다. 집과 공원의 경계에는 야생적 건강함이 뚝뚝 묻어나는 갈대가 두껍게 덩어리를 이루고 있다. 그 옆으로는 노천탕이 있고, 노천탕 뒤쪽으로 길게 만든 나무문을 다 열어젖히면 숲의 정경이 집 안으로 흠뻑, 더 깊숙이 들어온다. 마음이 동하는 날은 본채와 사랑채 사이 통로 겸 외부 공간에 캠핑 의자를 갖다 놓고 술도 마시고 바람도 쐬는데, 그런 날은 그야말로 숲속에서 캠핑을 하는 것처럼 마음이 청량해진다. 대지 면적 448.2m²(약 1백35평). 이런 풍경과 흥취 덕분에 이곳에 오는 손님들은 "적어도 2백 평은 돼 보인다"며 '엄지 척'을 한다.

건축가, 묻힐 뻔한 시공간을 찾아주는 사람

"사랑방으로 건너오기 전, 창문으로 마당이 보이던 곳이 안방이에요. 보통 안방은 집 안쪽에 은근하게 들어가 있는데, 바깥쪽으로 빠져 있어서 처음 설계 도면이 나왔을 때 의아했어요. 교수님 말씀이 저도 곧 할머니가 될 텐데 그때는 마당에서 손주가 뛰어노는 걸 보는 게 큰 기쁨이지 않겠느냐고 하시더라고요. 한지창을 닫으면 또 금세 아늑해져서 보료를 갖다 놓고 즐기고 있지요. 사랑방은 간병인까지 생각하며 설계하셨어요. 제가 할머니가 돼 몸이 쇠약해져도 가능한 한 집에 머물면 좋은데, 간병인과 공간이 독립적으로 나뉘어 있어야 서로 편하다고요. 그러시면서 '1백 살까지 살 집을 지어야 하는 것 아니겠느냐' 하시더라고요. 이런 마음으로 설계를 하시는구나, 속수무책으로 교수님 팬이 돼버리는 거죠. 정재헌 교수님께 집을 지은 분들은 저랑 다 비슷해요.(웃음)" 아들이 기거하는 별채에 창을 내지 않고 벽면으로 막은 것도 사려 깊은 한 수. 부모와 자식의 공간이 분리되고 프라이버시도 보호하면서 아들이 집을 더 편하고 즐겁게 누리도록 했다. "건축주는 부분만 보지만 전체적인 건 잘 못 보잖아요. 건축가를 믿는 게 중요한 것 같아요." 그러고 보면 건축가란 자칫 무신경하게 매몰될 뻔한 시공간을 찾아주는 사람이면서 가족 구성원 각자의 행복과 연대 역시 최대치로 끌어올리는 사람이 아닐까 싶다. 그 때문에 우리는 좋은 건축가를 찾기 위한 노력을 기꺼이 해야 하는 것이고.

건축가가 세심하게 신경 써 지은 집에 살면 집에서 보내는 시간의 질이 달라진다. 시간의 질은 생활의 질, 마음의 질과도 같은 말이다. 유주화 대표는 이 집에 살면서 삶이 풍요로워졌다고 했다. "하고 싶은 게 많아졌어요. 꽃도 심고 싶고, 마당에 심은 아이가 얼마나 컸나 보고 싶고, 요리도 하고 싶어요. 집이 아름다우니까 그릇도 이왕이면 더 예쁜 걸로 잘 차려내고 싶고요. 비가 오면 비 오는 걸 보는 게 좋아서, 쨍하니 날 좋은 날에는 또 별을 보는 게 좋아서 안 나가고 싶어요. 정재헌 교수님께 집을 지은 사람들은 아난티 같은 고급 리조트도 안 간다고 하더라고요.(웃음) 예전에는 집에 손님이 온다고 하면 불편했거든요. 근데 요즘에는 '그냥 우리 집으로 와' 해요. 임진강이 가깝다 보니 10월이면 빨갛게 물든 가을 하늘 아래 철새들이 끼룩끼룩 소리를 내면서 삼각 대열로 날아가는 모습이 한 달 내내 이어져요. 대장이 맨 앞에 서고 어느 때는 네 마리, 어느 때는 스무 마리가 질서 정연하게 날아가지요. 봄이 오면 그 아이들이 그 하늘길로 또 날아오고요."

또 달라진 것이 있다면 미니멀리스트가 됐다는 것. 의자 하나, 소품 하나도 집의 결을 해치지 않는 것으로 고르다 보니 더욱 심사숙고하게 된다. 민경갑·김기창·김창열·최형욱·감만지·박정희 작가의 그림, 김수연 작가의 섬유공예, 박종선·르코르뷔지에·피에르 잔느레의 가구가 그렇게 들여놓은 것인데 볼 때마다 담담하게 좋다. "집은 정말로 투자할 만한 가치가 있어요. 그 투자가 돈도 더 잘 벌게 하지요. 좋아하는 곳에 있으니까 즐겁고, 즐거우니까 일도 더 열심히 하게 되고, 그렇게 긍정적인 사람이 되니까 곁에 좋은 사람들이 와요. 살면서 집을 세 번 지으면 성공한 인생이라고 하던데, 이번 집 짓기가 너무 행복했기에 기회가 되면 또 지어보고 싶어요." 건축주가 그런 마음을 갖고 꿈을 꾼다는 것, 건축가가 받을 수 있는 최고의 성적표가 아닐까 싶었다.

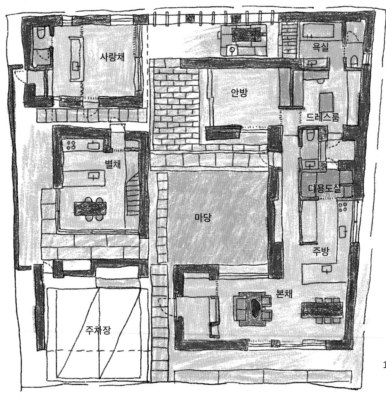

1층 평면도

건축가 이승호

도자 복원가 정수희의 이천 집

고인돌에서 뻗어 나온 모던 하우스

이승호 건축가는 국내 유명 건축사무소에서 부소장으로 근무하다 약 3년 전
독립했다. 독립한 지 얼마 안 된 건축가에게는 어쩔 수 없이 더 멋지게 보여주고 싶은
'장식'이 욕망처럼 들러붙는데, 그의 건축에는 늘 단단한 몸통만 힘 있게 존재하고
그 몸통이 고스란히 독창적 조형이 된다. '진격의 건축가'라 할 만큼 현장을 단단하게
장악하는 것도 장점. 최고의 결과물을 위해 많은 경우 강도 있게 작업을 진행한다.
2024년 대표작이 될 만한 사옥과 단독주택 프로젝트가 순차적으로 베일을 벗는다.
www.studioseungho.com

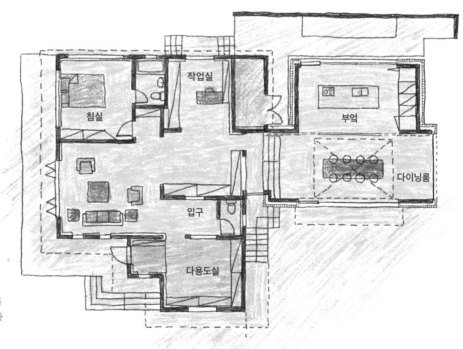

사각 박스 위에 또
하나의 사각 박스를
얹은 모습. 담백함과
힘이 넘친다.

작업실

침실

부엌

다이닝룸

입구

다용도실

건축주인 정수희 씨는 고미술사와 문화재보존복원학을 모두 전공한 이 분야 최고의 전문가로 통한다.

"너무 만족스러웠어요. 한 번에 결정했지요."

그 말을 들으며 조금도 고개를 갸웃하지 않았다. 나 역시 그럴 것 같았기 때문이다. 건축물 안에 힘과 여유가 함께 있는 느낌이랄까. 단순한 완결미가 있어 아쉽지도, 부족하지도 않았다. 그리고 설계 내용과 개연성에 관한 프레젠테이션. 스튜디오 승호를 이끄는 이승호 소장의 말을 빌리자면 이 집의 핵심을 이루는 아이디어는 '고인돌'이다. 맞다. 거인의 허벅지 같은 바윗돌 두 개를 기둥 삼아 큼지막한 머릿돌을 올린 선사시대의 무덤. 아득한 존재라 이미지 검색을 해봤다. 우리 조상이 만든 최초의 건축물이라 해도 무방할 정도로 조형적 힘이 넘쳤다. 날것의 포스! 과거의 유물에 미래의 숨을 불어넣는 도자 복원가와 저 멀리 모던 건축의 원형을 보여주는 듯한 고인돌의 매치라니. "오케이"를 외칠 수밖에 없다.

고인돌에서 아이디어를 가져온 집은 두 개의 덩어리로 조합의 묘를 보여준다. 사각 박스 위에 또 다른 사각 박스가 올라간 구조. 기단 면의 바깥쪽에는 빙 둘러 고벽돌을 붙였는데, 질리지 않는 손맛을 위해 일일이 표면을 때리고 깎았다. 그리고 그 위로 번쩍 들어 올린 또 하나의 사각형. 고측창高側窓 역할을 하는 매스로, 창문을 통해 맞은편 숲의 전경이 평화처럼 들어온다. 빛도 한가득. 시간에 따라 달라지는 풍경의 음영과 색깔을 시시각각 실감할 수 있다. 박스 두 개로 몸체를 구성한 집은 단순한 구조와 달리 여러 면에서 모던한 미감을 만들어낸다. 덤덤한 고벽돌의 기단부와 매끈한 상부의 이중주. 색상의 조화도 세련됐다. 회색 기단부에 상부 박스를 삽입하듯 짜 맞췄는데, 윗부분을 화이트 도장으로 마감해 흰색 건물 특유의 단정함과 화사함이 도드라진다. 군더더기라고는 전혀 없는 숲속의 이층집이랄까. 잠시 사견을 덧붙이자면 건축주가 원하는 집은 거의 비슷하다. 첫눈에 반할 만큼 조형적일 것. 담백하기만 해서는 건축주에게 물개 박수를 받을 수 없다. 자부심은 단순함이 아닌 조형미에 깃들기 때문이다. 르코르뷔지에의 빌라 사보아, 필립 존슨의 글라스 하우스, 프랭크 로이드 라이트의 낙수장 등 전설이 된 집들은 하나같이 멋스러운데 그 안에 미묘한 모던함과 섹시함이 녹아 있다.

건축적 이야기를 조금만 더 해보자. 이 집은 일견 심플한 구조지만 공학적으로는 쉬운 작업이 아니다. 이 집에 없는 것이 있는데 바로 보(beam). 한옥에서 대들보라 말하는 가로축으로, 수평 부재가 허공을 가로지르지 않으니 외부만큼이나 내부도 시원스럽다. 보를 대신해 상부의 하중을 분산하고 받아내는 것은 측벽. "상부를 더 간결하게 떠받들고 싶어" 많은 고민을 한 부분으로, 측면에 보강재를 삽입하고 면과 면이 만나는 곳의 수치를 세심하게 따져 구현했다. 그러고 보면 이런저런 장식과 요소를 필요 없게 만드는 공학적 기술이 곧 모던이고 자유다.

마침내 시작된 '행복이 가득한 집'

이런 집을 소유하게 된 행운의 건축주는 국가 대표라 할 만한 문화재 복원가다. 고

미술사와 문화재보존복원학을 모두 전공한 이로, 문화재 보존 복원의 역사가 오래된 프랑스에서도 이 두 개의 학문을 동시 전공한 사람은 자국인과 외국인을 통틀어 그녀가 처음이다. 인문학과 과학, 미술과 화학을 쌍권총처럼 양쪽에 차고 있는 셈인데 파리에서 귀에 딱지가 앉을 정도로 반복해서 들었다는 수업 내용이 흥미롭다. "1백 개의 수업과 말이 있다고 하면 그중 98개는 정신교육이나 윤리 교육에 관한 것이었어요. 제멋대로 복원된 후의 경제적 가치를 상상한 후 숙고의 과정 없이 유약을 덧바르거나 절단면을 표백하고 갈아내는 일련의 활동이 엄격하게 금지되지요. 복원 대상이 도자라고 쳐요. 기능적 복원이나 미적 업그레이드는 중요한 것이 아니고, 흙의 종류와 성질을 철저하게 분석해 더 이상 훼손되지 않게 막아내는 것을 진정한 복원이라고 여깁니다. '진행되는 훼손의 사려 깊은 정지'라고 할까요. 감쪽같이 복원하는 것이 '사기'일 수 있는 게 오늘 사용한 접착제와 약품이 짧게는 10년 후, 길게는 1백 년 후 적확하지 않은 것으로 판명 날 수 있잖아요. 그렇게 되면 그 복원은 실패한 것이 되기 때문에 신중에 신중을 기할 수밖에 없습니다."

복원 과정에 대해서도 이야기를 들었는데, 나처럼 성격이 급하고 감성만 있는 사람은 근처에도 못 갈 일이다. "깨진 면을 붙일 때부터 마음을 급하게 먹으면 안 돼요. 깨진 채로 1년 정도 놔두면 공기 중 원자 활동이 화학작용을 일으켜 날카롭던 날도 서서히 무뎌지거든요. 땅속에 오래 있던 것은 부식이 진행돼 몸체와 파편이 맞지 않는 경우도 많습니다. 토질에 따라 강도, 단면의 거칠기, 색깔이 다르기 때문에 기물에 맞는 접착제를 만들어 사용해요. 백자는 흙의 기공이 촘촘하기 때문에 접착제가 조금만 두껍게 발려도 거의 흡수되지 않고 바깥으로 밀려 극도로 신중하게 작업해야 하고요." 건축주에게 이천은 도자의 땅이자 나고 자란 고향이기도 하다. 프랑스에서 15년을 살다 귀국한 그녀에게 가고 싶은 곳, 가야 할 곳은 이천, 하나였다.

이 모던한 얼굴의 집은 독채가 아니다. 한국에 귀국해 먼저 구입한 빨간 벽돌집 뒷마당 창고를 허물고 그 옆으로 붙인 또 하나의 집. 부록 같은 집으로 시작했지만 자연스럽게 주연이 됐다. 정면과 후면, 상부의 창 할 것 없이 녹색 풍경이 선물처럼 펼쳐지고 측면 창으로는 숲으로 길게 이어지는 오솔길이 마치 집에서 시작한 것 같은 모습으로 뻗어 있다. 이승호 건축가는 "자연스럽다고 할 때 자연에 들어가는 '연' 자가 한자로 그럴 연然 자예요. 그 자리에 마땅히, 그런 배치와 형태로 있을 것 같은 모습을 찾아내는 것이 건축가가 아닐까 싶습니다"라고 말했다. 나름의 건축관을 확립한 사람은 얼마나 믿음직한지.

집을 완성한 후 더 끈끈해진 건축주와 건축가를 보면 귀한 인연이란 생각이 든다. 이야기를 들어보니 건축가에게 이 집은 실무 경력 9년 만에 가장 도전적인 작업이었다고. "집 지으며 고생을 하도 많이 해서 집 이름을 '행복이 가득할 집'으로 지었는데, 이렇게 <행복이 가득한 집>에도 나오고 진짜 행복이 찾아왔다"고 말하는 건축주와 건축가가 취재 내내 보기 좋았다. 첫눈에 반할 만큼 완벽한 집, 그리고 그 집을 지으며 보여준 패기와 믿음을 동력 삼아 이 둘은 두고두고 절절한 친구가 될 듯.

오른쪽 안채로 이어지는 계단과 측면부. 주방이던 곳을 절단하고 신축 건물과 연결했다.

가로축 역할을 하는 보가 없어 한층 높고
시원한 뷰를 만들어준다.

위 숲을 향해 열려 있는 다이닝룸과 주방.
오른쪽 선물 같은 건물 앞에 선 정수희 씨 가족. 남편
고견표 씨와 귀엽고 똑똑한 반려견 미쇼, 빈교도 함께했다.
이 집은 스튜디오 승호의 이승호 건축가와 디자인버그
건축사사무소 김수영 소장이 함께 지었다.

건축가에게 집을 지어 산다는 것은

남들과 다를 바 없이 서울의 작은 아파트를 얻어 신혼을 시작할 때만 해도 제가 집에 이리 진심인 사람이 되리라고는 생각하지 못했습니다. 건축가에게 두 번이나 집을 짓게 될 거라는 것도요. 돌아보건대 집은 제게 절실함의 문제였습니다. 좋은 집의 표상인 아파트가 희한하게 맞지 않았고, 그곳에서 행복하지 않았습니다. 어떤 확고한 취향이나 판단 기준으로 단독주택을 선택한 것이 아니라 그저 제게 맞는 집을 찾고 싶어서 집을 짓는 모험을 하게 됐습니다.

첫 번째 집은 서촌 골목길의 3층짜리 협소주택이었습니다. 오늘날 서울에서 집을 짓기 위한 네모반듯한 땅은 찾기가 힘들지요. 열악한 조건이기 일쑤인데 저희 집도 난이도로 치자면 최상위 레벨이었습니다.

한 지붕, 두 세대. 한 쪽 집을 사려면 옆 집까지 동시에 덮고 있는 지붕을 잘라내야 했습니다. 아무리 기다려도 집을 사겠다는 사람이 나타나지 않았고 그 시간 동안 '지붕을 자르는 게 가능할까' '너무 좁은 것 아닐까?' 고민과 걱정을 반복하던 우리는 마침내 '해보자' 하고 용기를 낼 수 있었습니다.

그렇게 시작한 집 짓기는 단맛, 쓴맛, 매운맛이 다 들어 있는 인생의 축소판 같은 것이더군요. 골조 공사를 시작하면서부터는 내 집이 올라가고 있다는 감격에 아침 저녁으로 현장을 방문했습니다. 지반을 파내고 대지에 노란 띠가 대충 둘러져 있는 지저분한 풍경인데도 꿈의 지도를 보는 것처럼 설렜습니다. 기쁨과 평화의 순간은 오래가지 않았습니다. 기존에 있던 집을 헐고 나니, 집터가 다 암벽인데 그것을 깨부수려면 3000만 원이 추가될 거란 소식이 날아들었습니다. 아이고, 300만 원이라고 해도 신경이 쓰일 텐데 하루 아침에 3000만 원을 어떻게 마련한답니까. 옆집에서는 공사 때문에 자신의 집이나 시설물이 손상을 입으면 손해 배상을 해야 한다는 각서를 써달라 했지요. 그런저런 난관에도 아이가 자라듯 쑥쑥 올라가는 집을 보고 있으면 행복했습니다. 특히 미리 뚫어 놓은 창문 너머로 배화유치원 운동장에 있는 커다란 회화나무와 한옥 기와 지붕이 보일 때는 너무 좋아 가슴이 부풀어 올랐지요.

집 짓기가 인생과 비슷한 게 그렇게 좋다가 또 느닷없이 번개가 치고 쓰나미가 밀려들기 때문입니다. 집을 짓는 과정에서 이런저런 고비와 좌절이 많았지만 최악의 상황은 준공 전에 일어났습니다. 집을 완공한 지 한참이 지났는데도 순공이 안 떨어져 소징님께 물어봤더니, 땅에 묻은 정화조가 골목길 바깥쪽으로 정해진 법규 이상 튀어 나와 있으니 구청으로부터 정화조를 옮기라는 처분을 받았다는 겁니다. 정화조는 공사를 시작하며 가장 먼저 하는 일인데, 집을 다 짓고 다서 그걸 다시 옮겨야 한다니. 그걸 다시 옮길 곳은 어렵게 마련한 작은 정원(정원이랄 것도 없는 한 뼘 땅이랄까요)밖에 없었습니다. 구청 담당자를 찾아가 방법이 없을까요? 읍소를 해도 안 됐습니다. "이렇게 허가를 내 주면 나중에 저희가 다쳐요"라고 말하는데 더 이상 떼를 쓸 수가 없더군요. 결국 아내는 앓아 누웠습니다. 머리에는 태권도 띠를 두르고서. 그런 모습은 TV 드라마에서나 보는 줄 알았습니다. 결국 추가 비용을 들여 정화조를 옮겼고, 한 뼘 밑에 정화조가 들어가 있다고 생각하니 그곳에 정이 별로 안 갔습니다. 집 짓기는 그런 것입니다. 낭만으로만 이뤄져 있지 않죠. 그런데 신기한 게 시간이 지나면 안 좋은 기억은 다 희미해지고 좋은 것만 기억에 남는다는 겁니다. 군대랑 비슷하지요. 야트마한 언덕에 있어 창밖으로 보이는 풍경이 황홀하고 배화여자대학고 담벼락으로는 가을이면 산수국이 어지럽게 피어오릅니다. 그 꽃을 꺾어다 결혼기념일 선물로 준 적도 많았지요. 겨울에 눈이 내리면 한옥 지붕 위로 눈이 살포시 쌓이는데 눈과 한옥 기와의 조합은 정말로 기가 막힙니다. 이 집을 팔아 더 큰 집을 짓거나 사라고 조언하는 이들이 많지만 전 이 집을 끝내 팔지 않고 싶습니다. 그럴 수 있었으면 좋겠습니다.

두 번째 집은 양평에 짓게 됐습니다. 작은 땅에 집을 올려본 아내는
그 여파 때문인지 어느 날부터 "조금 더 넓은 땅이 갖고 싶다"고 하더군요.
저는 "아니, 우리가 부자도 아니고 땅을 어떻게 가져?" 했습니다.

당시 맞벌이를 하며 열심히 일을 하던 우리는 작은 목돈을 모았고 그 돈에 대출을 보태면 땅을 살 수 있을 것 같았습니다. 녹색 창에 '땅 100평'이라고 치니 검색 결과가 주르륵 올라왔는데, 가장 많은 곳이 부동산 사이트에서 운영하는 양평 전원주택 매물 정보였습니다. 스크롤바를 내리며 심심풀이로 홈페이지를 둘러보다 '한 번 가 보자' 결정을 했고 그 주 주말에 양평으로 내려갔습니다.

1 서촌에 지은 3층짜리 작은 집. 계절마다 누리는 나만의 풍경을 갖고 있다는 것이 차분한 만족감으로 와닿는다.
2 서승모 건축가와 함께 지은 양평의 오두막.

사진 진효숙

"그렇게 지은 오두막은 제 삶에 무척 중요한 축이 되었습니다. 주말이면 짐을 싸 들고 양평으로 떠나지요. 그리고 그곳에 가 있으면 돌격하듯 앞으로만 내달리던 시간이 잠시 뒤로 물러나 다시 제 속도로 돌아오는 기분을 느낍니다."

시멘트 블록으로 몸체를 만들고 그 위에 아연골강판을 올렸다. 지붕이 크고 넓어 한옥의 처마처럼 사방으로 그늘 쉼터가 만들어진다.

사진 진효숙

땅을 보러 다니는 걸 임장이라고 하나요? 신나는 경험이었습니다. 부동산 사장님이 운전하는 그랜저를 타고 미리 점찍어둔 매물을 둘러보다 보니 부자가 된 것 같았습니다. 총 세 곳을 봤는데 마지막 땅을 보자마자 한 눈에 반했습니다. 반듯한 사각 땅에 뒤로는 국유림이 울창하게 펼쳐져 있었지요. 이곳이다 싶었습니다. 대출을 알아보고 계약을 하고 추후 임야를 대지로 바꾸는 지목 변경을 했습니다. 드디어 집 지을 준비가 된 거지요.

수많은 건축가가 후보로 올랐고 그 사람들과 다 함께해보고 싶었지만 '파이널 앤써'는 서승모 소장이었습니다. 그의 간결하고 담백하고 깨끗한 미감이 늘 좋았거든요. 그분 사무실이 저희 집과 같은 동네인 서촌에 있다는 것도 플러스 요인이었습니다. 저희가 원한 집은 '오두막'이었습니다. 돈도 없었지만 시골에 들어선 위풍당당한 집은 처음부터 원하지 않았지요. 시골의 너른 정취와 풍경을 즐기려면 오히려 작은 집이 좋겠다는 생각이 확고했고 지금도 잘 한 결정이라 생각합니다. 바닥 면적이 14평 정도 되고 그중 집이 차지하는 면적은 8평 남짓한 아주 작은 집. 규모는 작지만 주방도 있고 욕조도 따로 있지요. 통창으로는 주변의 마을과 산, 논이 들어오고요. 한 번씩 내려가 원하는 때 밥 먹고 쉬엄쉬엄 산책을 하고 소반에 간단히 상을 차려 밖으로 나가 즐기는 점심은 제가 어떻게든 그곳에 가려 하는 이유입니다.

잠시 이야기가 샜는데 서승모 소장님과의 설계 과정은 즐거웠습니다. 자료를 보니 7차 미팅까지 했더군요. 최초의 설계안이 우리의 의견과 맞물려 계속 변경, 수정, 발전됐고 마침내 시멘트 블록을 착착 쌓아올린 후 그 위에 아연골강판 지붕을 넓게 올리는 지금의 디자인이 확정됐습니다. 지붕이 크고 길게 올라가 한쪽으로 꽤 넓은 바깥 공간이 확보됐고 사방을 빙 둘러 '처마'가 생긴 덕분에 의자 하나만 있으면 이곳저곳 볕을 따라 움직이며 바깥에서 시간을 보낼 수 있는 구조였습니다. 설계와 시공 진행 과정은 모두 무탈했습니다. 다정함은 체력에서 나온다는 말이 있던데 다정하고 섬세한 배려와 체크는 시스템에서 나오기도 하더군요. 시공사와 계속해서 조율과 협의를 한다고 느꼈고 내외장재는 물론 마루와 욕조 등 집 안에 들어가는 모든 것들을 함께 선택하는 과정이 즐거웠습니다.

그렇게 지은 오두막은 제 삶에 무척 중요한 축이 되었습니다. 주말이면 짐을 싸 들고 양평으로 떠나지요. 그리고 그곳에 가면 돌격하듯 앞으로만 내달리던 시간이 잠시 뒤로 물러나 다시 제 속도로 돌아오는 기분을 느낍니다. 자족의 기분도, 홀로 있는 시간의 충만함도 맛보지요. 독일의 철학자 쇼펜하우어는 "인간이 겪는 상당수의 불행은 혼자 있지 못하는 데서 생긴다"고 했는데 그곳에서는 혼자서도 잘 먹고 잘 쉬고 잘 놉니다. 아마도 자연이 있기 때문에 가능한 것 아닐까 싶습니다. 봄이면 이전 주인이 야심차게 심어 놓은 아름드리 벚나무에 하얀 꽃이 꿈결처럼 터지고 여름이면 지붕의 골을 따라 장대비가 주루룩 주루룩 시원하게 떨어집니다. 가을에는 원수 같은 잡초도 스르르 성장을 멈추고 겨울이면 고요하고 황량한 풍경이 마음을 차분하게 하지요. 밤은 무섭기도 하지만 한 번씩 밖으로 나가 별과 달을 보고 있으면 아득한 존재들의 세상이 구체적 정서로 와닿습니다.

제게 만약 재력이 있다면 언젠가 또 한 번 건축가와 집을 지어보고 싶습니다. 시공간을 풀어내는 그의 감각과 깊이, 솜씨와 철학을 맛보고 싶습니다. 타인의 재능으로 나의 세계가 충만해지는 일이라니 아무리 생각해도 받는 것이 훨씬 많은 관계입니다. 만약 그 날이 오면 이번에는 누구랑 합을 맞춰볼까? 상상해 봅니다. 여름휴가 사진을 꺼내 볼 때처럼 가만, 뭉근하게 행복해집니다.

Chapter 04

서울 속, 서울 같지 않은 집

건축가 조정구+사업가 윤수현의 은평 한옥
미련없이 비운 2층 한옥의 기품

건축가 조남호+피아니스트 이성주 부부의 염곡동 집
욕망하지 않는 건축가가 안긴 명작

어번디테일건축사사무소+김희진 씨의 은평 한옥
2021년 올해의 우수 한옥, 대상의 이유

건축가 조정구

사업가 윤수현의 은평 한옥, 수수꽃재

미련 없이 비운 2층 한옥의 기품

'구가도시건축'의 수장 조정구 건축가. 일본 유학에서 돌아와 한국에서 가장 먼저 한
일이 종묘 일대의 건축을 답사한 일일 만큼 과거와 현재의 연결에 관심이 많은 건축가.
20년 넘게 수요 답사를 통해 구도심 건물과 주택의 형태 및 기능, 구조와 수치 등을
기록으로 정리해 근린생활시설을 포함한 어떤 프로젝트에서든지 적용할 수 있는
옵션을 많이 보유하고 있다. 한옥도 많이 짓지만 늘 '현재의 삶'에 방점을 찍는 덕분에
언제라도 새로운 구조를 적용할 용의가 있다. 그가 이끄는 구가도시건축은 수많은
프로젝트가 동시에 진행될 만큼 다양한 분야의 건축주가 두터운 신임과 기대를 보내는
곳으로 유명하다. www.guga.co.kr

미련 없이 비워 넓고 시원한 공간으로 완성한 거실.

"여기 사진 한 장 보내드립니다" 하고 날아온 조정구 건축가의 메시지. 사진에는 1톤 트럭의 짐 싣는 칸 위에 비계를 설치하고 그 위에 다시 큼직한 플라스틱 통을 올린 후 그 위에서 조정구 소장이 풍경을 가늠하는 모습이 담겨 있었다. 현장 반장이 뒤에서 조정구 소장의 허리춤을 붙들고 있어 흡사 <타이타닉>의 뱃머리 신scene 같았다. 이 사진은 조정구 소장이 '새롭고 아늑한 2층 한옥'을 설계하는 데 얼마나 진한 애정과 의지가 있었는지를 보여준다. 2층 한옥은 글쎄, 나도 '베스트'라 여기지는 않는다. 한옥의 매력이자 최고 강점은 '땅'과 자연스럽게 우호 관계를 맺는 것이라 생각하기 때문이다. 눈도 비도 햇살도 바람도 그 안에서 한층 가깝고 실감 나는 것들이 되는데, 공간이 2층으로 불쑥 올라가면 그 많은 직접경험이 공동주택과 다를 바 없는 간접경험으로 바뀔 여지가 크다. 용적률을 최대치로 올리고 옆집에도 기가 죽지 않는 우뚝한 외관에 욕심을 부릴수록 그 2층 한옥은 점점 별로인 집이 된다. 한옥 특유의 기품은 온데간데없고 빵빵한 근육의 로봇처럼 부자연스러운 모습이 부각된다고 할까. 물론 담백한 2층 한옥도 많은데, 높이를 올리면서도 여전히 아름다운 한옥의 함수를 유지하기란 생각만큼 쉽지 않다.

조정구 소장에게도 2층 한옥은 오랫동안 '굳이' 싶은 형태였다. 크기와 효율에 휘둘리지 않고 단층 한옥처럼 담백하고 단아한 형식으로 설계할 수는 없을까 고민이 많았다. 이 집을 취재하겠다고 했을 때 그가 자신 있게 한 말이 있다. "이제까지 없던 새로운 형식의 2층 한옥을 완성했다."

2층 한옥의 새로운 표준을 위하여

1톤 트럭 위에 올라간 사진이 나름 결정적 순간인 것이 그곳에서 본 풍경을 확신 삼아 2층 공간을 뒤로 쭉 물릴 수 있었기 때문이다. 집의 구조를 한번 볼까? 현관을 열고 들어가면 제법 널찍한 마당이 나오고, 오른쪽으로 주요 생활공간을 1층으로 길게 뺀 단층 몸체가 보인다. 가로로 긴 통창 너머로 마당이 있고, 아침부터 오후까지 빛이 넉넉하게 쏟아져 들어오는 곳. 바깥 골목과 면한 곳에는 작은 사랑 마당을 하나 더 넣어 거실 코너에서도 마당을 보고 누릴 수 있도록 했다. 이곳 이름이 사랑 마당인 이유는 예로부터 남자들의 공간인 '사랑방' 옆에 있기 때문. 이 집의 공동 건축주이자 윤수현 씨의 남편은 사랑 마당을 '온전한 내 것'으로 여기고 좋아해 거실에 있는 TV도 이곳 한쪽에 캠핑 의자를 갖다 놓고 본다고. 마당에는 매화와 남천 한 그루를 심었는데, 그곳에 하얗고 빨간 꽃과 열매가 달리면 또 얼마나 소중한 공간이 될까 싶었다. 조정구 소장의 말이 재미있다. "설계를 하다 보면 남편의 공간은 결국 '소멸하는 공간'이 되는데, 이곳은 끝내 사라지지 않고 살아남았습니다.(웃음)"

2층은 거실과 주방이 있는 1층 공간을 그대로 두고 아내의 생활공간 위쪽으로만 올라가 앉았다. 이곳 역시 일자로 길게 뺀 터에 나무에 잎으면 앞에 있는 이웃 한옥과 그 너머로 북한산 전경이 시원스레 펼쳐진다. 1층 전체를 무겁게 짓누르며 올라앉은 구조가

현관을 지나자마자 펼쳐지는 마당과 2층 한옥의 골조.

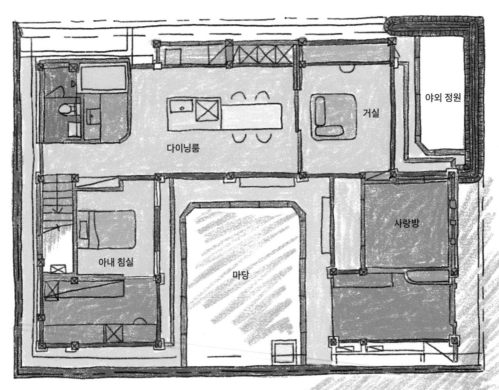

야외 정원

거실

다이닝룸

사랑방

아내 침실

마당

1층 평면도

2층에 올라서서
바라보는
풍경은 이 집의
하이라이트 중 하나.
은평한옥마을의
기와지붕 너머 저
멀리 북한산 전경이
시원스레 펼쳐진다.

아니라, 각각의 공간이 가볍고 산뜻하다. 왼쪽으로는 1층의 기와지붕이 보이는데, 내 집 한 곳에서 내 집의 구조를 감상할 수 있다는 것이 생경하면서도 신선한 감흥으로 와닿는다. 조정구 소장은 "2층을 밝고 시원하며 양명한 공간으로 만드는 데 신경을 많이 썼습니다. 이왕 2층으로 지을 거면 시원하게 열려야 한다, 밝아야 한다는 생각을 갖고 있었지요. 2층 매스를 사랑채 위가 아닌 안쪽으로 밀어 배치한 이유입니다." 1층과 2층이 모두 일자로 시원하게 뻗은 배치. 화려한 위용 대신 차분하고 담백한 균형과 비례로 근사한 집이다.

　　건축과 건축가의 이야기로 시작했지만, 건축가만큼이나 쨍한 하이라이트를 주고 싶은 이가 건축주다. 흔히 좋은 집을 짓는 건축주의 자세와 요건으로 "이런 공간은 꼭 필요해요"라고 말할 수 있는 취향을 이야기하는데, 그 못지않게 중요한 것이 "이런 공간은 없어도 돼요"라고 과감히 뺄셈을 할 수 있는 용기다. 카피라이터와 크리에이티브 디렉터, 광고 회사 CEO로 오랫동안 경력을 이어온 윤수현 씨는 그런 점에서 최고의 건축주라 할 만했다. 지금의 터를 잡아놓고 여러 형태의 단독주택에 차례로 살아본 이야기는 놀랍도록 치밀했다. "처음에는 광릉수목원 옆에 있는 전원주택에 살아봤어요. 잔디밭에 대한 로망이 있었거든요. 외떨어진 집이었는데 삶에는 이웃과 마을이 필요하구나 싶었어요. 승효상 선생님이 지은 집에도 살아봤는데 그곳에는 중정이 있었어요. 좋았지만 중정이 마당을 이길 수는 없구나 하는 생각을 했어요. 어느 날 민들레씨가 날아와서 피기도 하면 좋겠는데, 중정에서는 그런 자연의 우연을 기대하기가 쉽지 않으니까요. 남편이 건축가고 아내가 셰프인 집에서도 몇 년을 보냈어요. 어마어마한 주방이 있는 곳이었는데 우리는 가스레인지 정도만 쓰지 오븐은 안 쓰는구나, 가용하는 주방 면적이 생각보다 작구나 하는 것을 깨달았지요. 지하실도 애초에 생각이 없었어요. 지하층이 만들어지면 1층 한쪽에 '구멍'이 생기잖아요.(웃음) 습한 느낌을 원하지도 않고요. 그 모든 시간을 경험하면서 집이 너무 크면 안 되겠다, 자그맣게 짓자, 욕심내지 말자 같은 생각을 자연스럽게 하게 됐습니다." 조정구 소장은 건축주 덕분에 집 짓기가 훨씬 수월하고 정확할 수 있었다며 그들이 한 이 말이 지금껏 기억에 남는다고. "소장님 저희는요, 남들이 크고 멋지다고 하는 공간에 미련이 없어요."

　　이런 생각과 다짐은 집을 짓는 데 확실한 고정값이 되었고 뺄 것이 확실해지니 꼭 있어야 할 것이 더 온전한 모습으로 자리 잡을 수 있었다. 그렇게 보자면 집 짓기는 덧셈이 아닌 뺄셈의 미학이 아닐지. 단단한 미니멀리즘으로 되레 풍성한 맥시멀리즘을 완성한 건축주의 마지막 말. "이사를 오면서 책을 엄청나게 버렸어요. 앞으로는 도서관에서 빌려 읽으려고요. 잡지도 딱 한 권만 보는데 그 잡지가 바로 <행복이 가득한 집>이랍니다.(웃음)"

건축가 조남호

피아니스트 이성주 부부의 염곡동 집

욕망하지 않는 건축가가 안긴 명작

'솔토지빈건축'을 이끄는 중견 건축가이가 목조건축 전문가. 정림건축에서 경력을
쌓았고 서울시 건축위원회 위원, 서울시립대학교와 서울대학교 건축학부 겸임교수
등을 역임했다. 최근까지 서울시 건축정책위원으로도 활동했다. 솔토지빈率土之濱은
《시경詩經》 '북산지계' 편에 있는 말로 '온누리'라는 의미다. 인구의 대다수가 사는
도시에서는 건축이 자연의 일부가 되기 위한 노력 또한 필요하다는 마음을 담은
데서 알 수 있듯, 홀로 우뚝하기보다 주변과 점잖게 조화를 이루는 건축을 추구한다.
www.soltos.kr

넘치지도, 모자라지도 않게 똑 떨어지는 외관. 세로로 골을 판 벽, 사선으로 각도를 준 창문 등 디테일이 아름답다.

집을 짓는 것은 욕망의 충돌이기도 하다. 건축주는 많은 돈과 노력을 들여 평생의 꿈을 실현하고 싶고, 건축가는 건축주의 의뢰를 지렛대 삼아 자신의 이름을 알리고 싶다. 양쪽 모두 행복한 윈윈의 경우도 많지만, 어느 한쪽이 실망한 채로 끝나는 제로섬의 사례도 많다. 이 집의 주인 부부는 모두 음악가다. 아내는 피아니스트 이성주 씨이고, 남편은 작곡가로 활동한다. 아파트에 살던 부부에게도 집 짓기는 많은 것을 건 모험이자 결단이었다. 남편은 전국을 돌며 이름난 건축가들을 만나러 다녔다. "휴!" 하는 순간도 많았다. '유명하면 뭐 하나. 나랑은 안 맞는걸'. 부산까지 왔다 갔다 하는 것도 지쳐가던 어느 날, 그냥 동네에서 찾아보자 하는 심정으로 검색창에 '양재동, 건축가' 하고 쳤다. 솔토지빈건축이 떴고 그렇게 조남호 소장을 만나러 갔다. 한 시간 가까이 면담을 했고 '이분이다' 하

주차장과 작은 정원을 지나 만나는 중정. 땅은 물론 하늘과도 부드럽게 연결된 또 하나의 안전하고 쾌적한 땅이다. 조남호 건축가는 "중정은 틀릴 때가 없다"며 모든 건축 요소를 부드럽게 통합하는 중정의 아름다움과 가치를 강조했다.

는 확신이 들었다. "집에 왔는데 너무 좋아하더라고요. 드디어 찾았다고.(웃음)" 아내의 말이다. 대체 어떤 대화가 오갔길래 조남호 건축가는 점점 조급해지는 마음의 '뜨거운' 건축주를 한 번의 만남으로 매혹할 수 있었을까? 건축주와 건축가의 그날 미팅에서 한 번도 언급하지 않은 것이 있었으니 돈 얘기였다. 모두가 핵심으로 묻는 '그래서… 비용은 얼마나 생각하고 계십니까?' 이에 대한 조남호 건축가의 생각은 이랬다. "고객분과 처음 만날 때는 어떤 집을 짓고 싶으신지 상담만 해드립니다. 계약과 홍보에 비중을 두면 행복하지 않더라고요. 그저 도움이 되면 좋겠다 싶은 마음으로 시간에 구애받지 않고 집에 대한 이야기를 편히 나눕니다."

그렇게 집 짓기가 시작됐다. 위치는 주변으로 농원과 숲이 한적하게 펼쳐진 염곡동. 집을 둘러본 감흥부터 이야기하자면 근래 가본 집 중 유독 편안함이 돋보이는 곳이었다. 중정을 중심에 두고 반듯한 네모 상자를 입체적으로 연결한 구조. 대문을 열고 들어가면 왼쪽으로 반듯한 정원이 펼쳐지고, 그곳을 눈에 담으며 직진하면 다시 큼지막한 중정이 선물처럼 드러난다. 정면의 녹색 풍경에 끌려 다시 자연스럽게 발걸음을 옮기면 이번에는 오솔길처럼 소담한 담벼락과 정원. 한국의 건축을 이야기할 때 자주 거론되는 '환유의 풍경'이 직선의 동선으로도 살뜰하게 구현 가능하다는 새로운 발견이었다. 둘레길처럼 에두르지 않아도 계속해서 새로운 풍경과 땅, 그리고 하늘을 만날 수 있는 것이다. 마감은 노출 콘크리트에 불소수지 코팅. 밝고 깨끗한 도화지 같은 색감과 질감으로 해가 정원을 비추면 넓은 벽면에 그림자가 일렁인다. 집 구조는 상공에서 보면 더 아름답다. 주차장 위로 네모 상자를 사뿐 들어올리고 그 옆으로 어깨동무하듯 안채가 펼쳐지는데, 역시 반듯하게 중정을 만들어 산뜻한 개방감이 느껴진다. 그 앞으로는 대문을 열고 들어오면서 만나는 첫 번째 정원과 왼쪽에 별채처럼 자리한 아내의 피아노 방. "이 스타인웨이 피아노를 20년 넘게 쳐왔는데 이런 소리가 나오는지 처음 알았어요. 아파트에 살 때는 사방에 20cm 두께의 방음재를 넣었어요. 그래서 그런지 울림이 충분히 증폭되지 않더라고요. 이곳에서는 뚜껑을 닫고 연주해도 소리가 너무 풍성해서 연주회장에 와 있는 것 같아요." 아내에게 작은 콘서트홀을 만들어주고 싶은 것은 남편의 확고한 바람이기도 했다. "중정은 실패하지 않아요. 충남 예산에 있는 추사 김정희 선생 고택에 가보면 주변부가 일상의 삶으로 편안하게 꾸려져 있는 걸 알 수 있어요. 내부에도 단차가 있고 광이며 부엌, 방이 여기저기 자리 잡고 있습니다. 그것을 한 번에 통합하고 동시에 자유롭게 하는 것이 중정이에요. 일상의 공간이면서 땅과 하늘을 연결하는 우주의 공간이기도 하지요. 집에는 그런 곳이 필요합니다." 조남호 건축가의 말이다.

"중정은 실패하지 않는다"

어떤 집이건 결과의 중심이 되는 하이라이트가 있다. 이 집에서는 바닥의 높이가 바로 그것이지 않을까 싶다. 조남호 소장은 무언가를 힘주어 강조하거나 자랑하는 사람

정원 바닥과 높이를 맞춘 거실 마루. 덕분에 공간이 한층 넓고 시원해 보인다.

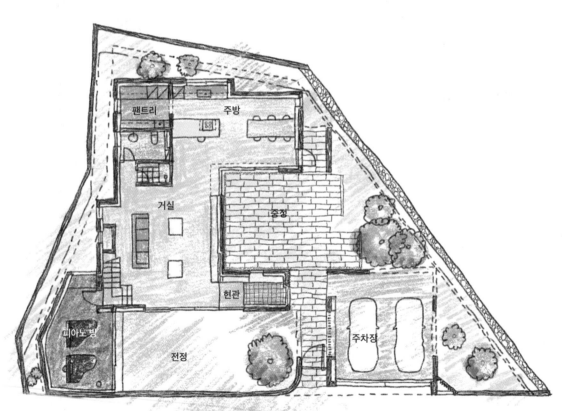

1층 평면도

이 아닌데, 그런 성격이 설계에도 고스란히 묻어난다. 이 집을 설계하면서 그가 가장 깊이 들여다본 곳은 땅이었다. 조선 시대부터 존재하던 오래된 터이자 한국전쟁 때도 비교적 화마를 입지 않은 축복받은 부지. 단독주택 부지로 잘 보존되어 주변과의 조화가 중요한 곳. '한 계절 또 한 계절을 지나며 이 집에서 나는 왜 이리 편안한가?' 자문하던 건축주는 그 답을 땅 높이에서 찾았다. "처음에는 많이 놀랐어요. 주변으로 키 큰 집이 많으니 프라이버시를 보호하기 위해서라도 다른 집들은 토목 작업으로 지대를 높이는데, 소장님은 땅을 파서 바닥면을 구옥보다 50cm나 낮추시더라고요. 나중에 이야기를 들으니 주차장 바닥면을 바깥 도로와 일자로 맞추신 거였습니다. 안쪽 마당과 정원도 그 높이로 자연스럽게 흘러 들어가고. 여기 보시면(바깥쪽 마당을 가리키며) 집 내부와 바깥 마당의 높이 차가 거의 없어요. 외부와 내부가 하나의 선처럼 편안하게 이어지지요. 덕분에 안마당이 더 풍성해 보이고 하나의 공간처럼 넓어 보여요. 이 집은 멋 부린 데가 없어요. 그래서 멋이 있어요. 제가 작곡하는 사람이다 보니 선율에 민감한데, 비유하자면 굉장히 멜로디가 좋은 집이에요. 인테리어는 편곡과 마찬가지여서 언제든 마음에 드는 쪽으로 바꾸면 돼요. 멜로디는 아니죠. 안팎으로 좋은 '소리'가 나는 집입니다." 내겐 그 말이 사고와 체계가 웅숭한 집이라는 뜻으로 들렸다.

　　건축주와 건축가의 말을 차례로 들으면서 더욱 돋보이고 화려한 건물을 짓고 싶은 건축가의 욕망은 건축주의 행복과 어떤 인과관계가 있을까 생각했다. 물론 조남호 소장에게도 좋은 건물을 짓겠다는 욕망이 있을 텐데 그것이 투영되는 대상은 땅 위로 불쑥 올라온 외관보다는 땅 자체가 지닌 기운과 지세地勢였다. "집을 지으면서 편안함만을 지향하지는 않습니다. 땅에 대한 태도가 중요하지요. 땅은 고유함을 만드는 가장 강력한 요소잖아요. 건축주를 만나고 나서 땅을 조사했고, 지형과 역사 그리고 풍경을 들여다봤습니다. 그런 프로세스가 늘 첫 번째입니다. 그다음은 건축주의 이야기를 듣는 거죠. 모든 건축주의 요구 사항은 다 특별하지만, 무조건 담기만 하면 되는 것은 아니에요. 그 요구가 어떤 보편성을 갖는지 검증하는 게 중요합니다. 이곳은 네모반듯한 땅이 아니고 주변의 오래된 필지처럼 바깥 환경도 복잡한 곳이었어요. 제 설계는 그 지형에 대한 기하학적 대응이라고 보시면 됩니다."

　　인터뷰를 마치고 바깥으로 나온 건축주 부부가 또다시 탄성을 내뱉으며 "진짜 명작이에요"라고 말했다. 함께 올려다본 집은 과연 근사했다. 욕망이 드러나지 않고 겸손함이 깃들어 담백하고 차분한 기품이 있었다. 이 집을 완공하고 조남호 소장은 건축 노트에 이렇게 썼다. "괴테는 건축을 '응고된 음악(Friedrich von Schegel)'이라고 했다. 건축과 음악은 전달 매체는 전혀 다른 영역이지만 구성 요소 사이의 조화에 바탕을 두고, 요소 사이의 관계는 질서로 표현된다는 측면에서 가장 가까운 영역이라고 할 수 있다. 오선지가 五線紙家는 피아니스트와 작곡가 부부를 위한 집으로, 집의 모습이 특정한 음악 세계를 표현했다기보다는 음악이 만들어지기 직전의 빈 오선지五線紙 역할에 가깝다."

어번디테일건축사사무소

김희진 씨의 은평 한옥, 서희재

2021년 올해의 우수 한옥, 내실의 이유

어번디테일건축사사무소를 이끄는 다니엘 텐들러와 최지희 건축가. 전통 요소와
디테일을 현대건축에 가미해 눈으로도 즐겁고 몸으로도 편한 건축 환경을 제안한다.
한옥의 전통적 면면을 따르면서도 구석구석 섬세한 응용과 변화로 세련된 모습의 집을
구현하는 데 능하다. 한옥 프로젝트가 많지만 장기인 목구조를 활용한 집과 스테이,
빌딩도 두루 설계한다. 인테리어디자인과 가구 디자인도 직접 하며, 필요한 경우
시공에도 참여해 완성도를 높인다. 세심한 배려와 조율, 그리고 건축주와 의사소통을
최우선 가치로 여긴다. www.urbandetail.co.kr

건축주가 애정하는 침실 옆 누마루.

"제가 10년 넘게 <행복이 가득한 집>을 정기 구독하는 사람이에요. 행복이 가득한 교실 독자 클래스의 요리 강좌도 거의 다 들었고요. 루이스 폴센 조명도 <행복>에서 다 보고.(웃음) <행복>은 제 리빙 교과서예요. 이곳으로 오기 전에 복층 구조의 아파트에 살았어요. 복층 집이 좋다지만, "우아!" 한 번 하면 그걸로 충분한 곳이기도 해요. 무릎이 아파서도 안 되겠더라고요. 침실이 위에 있으니 밤에 잘 준비를 하면서 트레이에 핸드폰이랑 물을 챙겨 올라가요. 그러다 깜빡하고 핸드폰을 안 가져오면 신경질이 나요. 하하. 이 집 2층 누마루에 가면 아르네 야콥센이 디자인한 에그 체어가 있어요. 공간도 정리할 겸 가방도 팔아 보탰어요. 에그 체어에 앉아 정원을 내려다보고 있으면 행복해요. 이 집이 2021년 서울시 우수 한옥 심사에서 대상을 받았어요. 대상 상패에는 '올해의 우수 한옥'이란 문구가 한 줄 더 들어가요. 나중에 집을 고칠 때도 혜택을 받지요. 집 지어준 어번디테일 건축사사무소 분들한테 제가 그랬어요. 잘될 거라고. 더 잘되게 하겠다고. 진짜로 잘됐고 더 잘될 거예요."

은평 한옥마을에 있는 아름다운 한옥 '서희재'에서 만난 건축주는 생기와 유머가 넘쳤다. 덕분에 3분 걸러 한 번씩 웃음을 터트리며 인터뷰를 했다. 현장에 함께한 다니엘 텐들러, 최지희 소장의 얼굴에도 미소가 떠나지 않았다.

용적률은 포기해도 마당은 포기 못 해

이들의 인연은 확신과 기쁨으로 즉석에서 다짐하는 것처럼 전격적이었다. 한옥 잘 짓는 건축사 사무소 두 곳을 후보에 올려놓고 어번디테일 대표들을 만난 건축주는 바로 그 자리에서 결정을 내렸다. 이들과 하겠다! "첫 미팅부터 느낌이 좋았어요. 결도 잘 맞고. 사람을 많이 만나는 직업이라 눈빛만 봐도 알아요. 어떤 사람인지.(웃음) 이 두 분 눈빛을 보세요. 순수하잖아요. 뒤통수 칠 눈빛이 아니란 말이에요. 바로 하자고 했지요." "설계비며 비용도 안 물어보시고요?" "이걸 지으려고 열심히 일해 돈을 모았잖아요. 얼마가 드냐보다 얼마나 잘 짓느냐가 중요했어요." 건축가에게 당부한 것은 오직 하나, 남의 집이 아니라 자기 집을 짓는다 생각하고 설계해달라.

"자신들이 살 집을 짓는다고 생각하면 얼마나 잘 짓겠어요. 이런저런 소소한 것까지 다 챙겨가면서. 그렇죠?"

전폭적 믿음과 신뢰에 어번디테일은 고민과 정성으로 화답했다. 가장 돋보이는 지점은 스킵 플로어(층에 단 차이를 두어 설계하는 바닥 구성법). "살아보니 2층은 부담스럽다. 다리가 아프다"는 건축주의 말을 반영해 지하 1층과 2층으로 올라가는 계단에 스킵 플로어 방식을 적용, 여섯 계단만 올라가고 내려가면 지하 1층과 2층에 갈 수 있도록 했다. 그렇게 높이를 포기한 집은 용적률을 꽉꽉 채워 키를 최대한 늘린 한옥과 비교해 정겹고 아늑하다. 흔히 용적률을 최대한으로 끌어올리면 이익이라 생각하지만 꼭 그렇지만도 않다. 비어 있는 채로 충만한 빈 땅이 모두 사라지기 때문이다.

1층의 중심 역할을 하는 다이닝 테이블. 수납장 안에는 오랫동안 모은 테이블웨어가 보물처럼 그득하다.

1, 2 너비와
개수까지 꼼꼼하게
계산해 이동하는
데 불편함이 없도록
만든 계단.
3 마당의 조경은
유명 건축가들과도
자주 협업하는 '뜰과
숲'이 맡았다.

3

은평한옥마을을 통틀어서도 서희재처럼 마당을 넓게 조성한 곳은 드물다. 마당 대신 지붕 얹은 실내 공간을 택하기 때문이다. 하지만 마당은 마당으로서 아름답고 가치가 있다. 특히 한옥에서는 더욱. 빛과 바람, 비와 눈, 구름과 노을… 한옥은 그곳에 함께 사는 이에게 계속해서 계절의 위로를 건넨다.

한옥에 대한 애착과 경외감을 동력 삼아 한옥 건축으로 유명한 구가도시건축에서 경력을 쌓고 2014년 독립한 다니엘 텐들러와 최지희 소장은 일찍부터 그런 마당과 정원의 맛을 알았고, 꽃과 조경을 좋아하는 건축주를 위해 마당에도 공을 들였다. 유명 건축가와도 자주 협업하는 '뜰과 숲'을 파트너로 넓적돌을 중간중간 깔고, 흙으로 바닥면을 정돈한 다음 여러 종류의 수국과 산딸나무, 그리고 단풍나무를 심었다. 수형이 아름다운 나무와 수국 사이로 적당한 높이의 품위 있는 한옥이 누마루와 함께 펼쳐지는 전경은 그 자체로 고유하고 넉넉한 자족의 풍경이었다. 어번디테일 최지희, 다니엘 텐들러 소장은 이렇게 말했다. "용적률에서 손해를 보고 싶지 않기 때문에 한옥이라도 높이 짓는 경우가 많은데, 풍경을 만들지 못한 채 위로만 올라가는 집은 별로인 것 같아요."

서희재는 이곳저곳 구경하는 재미가 남다른 집이었다. 전체 구조설계와 공간 배

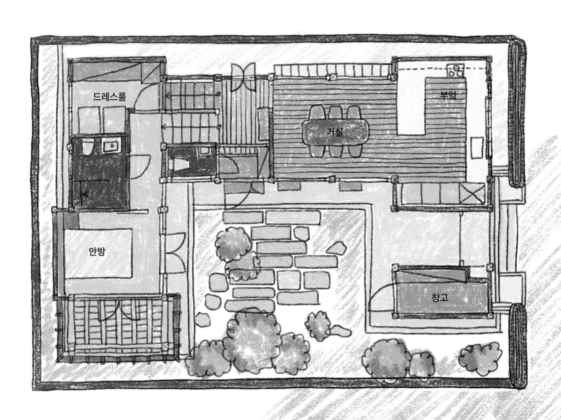

드레스룸

부엌

거실

안방

창고

치는 물론, 구석구석 정교하게 신경 쓴 덕분이다. 대문을 열고 들어오면 독서와 음악 감상 라운지로 구획한 지하 1층과 침실이 있는 2층, 그리고 누마루 쪽 몸체가 정면으로 보인다. 지하실에도 채광과 환기가 충분하도록 높이와 크기를 꼼꼼하게 따져 창문을 만들고, 그에 맞춰 다른 부분을 조율한 것이 인상적이었다. 수납장에는 로얄코펜하겐 식기가 그득하고, 라눙쿨루스며 포인세티아, 블루데이지 같은 꽃과 화분이 넘칠 듯이 많았다.

　　　한옥의 단점이라면 수납공간의 부족인데, 이 부분은 거의 모든 면에 반침을 두어 해결했다. 바깥쪽으로 레이어를 하나 더 만들고 그 공간을 필요에 따라 광이며 차실로 활용하는 아이디어. 서울시에서는 새로 한옥을 짓는 사람에게 8천만~1억 원 정도의 금액을 지원하는데, 반침은 한 면 전체 길이의 2분의 1을 넘지 못하도록 하고 있다. 반침이 너무 많아지면 한옥의 꼴이 전통에서 실용 쪽으로 기울 수 있기 때문이다. 이를 초과할 경우 지원 금액이 줄어들지만, 어번디테일 측은 건축주와 협의해 수납공간을 택했다. 올이 뭉치거나 보이지 않는 한지 창도 돋보였다. 찾는 이가 많아지면서 한지도 종류에 따라 그 색상과 질감이 무척 다양한데, 어번디테일은 모던한 미감의 공간을 지향하는 곳답게 밝고 깨끗한 재질의 종이를 골랐다. 그렇게 고른 미색 창에 빛이 환하게 고이는 모습은 한옥에서만 경험할 수 있는 자연스럽고 풍성하며 신비로운 미감이다.

　　　통 크고 화끈한 건축주는 "시공까지 직접 해주세요" 제안했고, 어번디테일은 1층은 연등 천장으로 서까래를 노출해 높은 천고와 개방감을 확보하는 등 많은 부분에서 디테일을 챙겨나갔다. 알아서 잘해달라고 했다가 막상 공사가 시작되면 이런저런 참견을 하며 '지옥'을 맛보게 하는 건축주도 많지만 서희재의 건축주는 달랐다. 끝까지 믿어주었고 끝까지 참견하지 않았다. 딱 하나 '고집'을 부린 것이 식탁 위에 설치한 루이스 폴센 PH 아티초크 조명. 루이스 폴센의 상징적 디자이너 포울 헤닝센이 국화과 식물인 아티초크에서 영감을 받아 디자인한 이 조명을 어번디테일 측은 과해 보인다며 반대했지만, 건축주는 큼직한 이 조명이 포인트처럼 꼭 들어가야 한다고 말해 결국 성사시켰다. "저희 집에 있는 조명은 다 루이스 폴센이에요. 스탠드며 벽걸이며 죄다.(웃음) 현관 신발장이 있는 곳에도 루이스 폴센 조명을 달았지요. 가장 좋은 제품으로 공간을 밝히고 싶다는 생각이 예전부터 있었거든요." 마르셀 브로이어의 바실리 체어도 그녀가 좋아하는 제품으로 한 점은 누마루에, 또 한 점은 지하 1층에 두었다.

　　　건축주의 공간은 맥시멀리즘 같기도, 미니멀리즘 같기도 했으며 이런저런 물건이 많았지만, 진짜 좋은 것으로만 집을 채운 덕분에 간결한 힘 역시 있었다. 누구나 집을 지을 수 있지만 그 여정이 모두에게 행복한 것은 아니다. 집을 짓는 과정이 너무 즐거웠다, 10년을 늙기는커녕 의미 있고 행복했다고 말하는 건축주와 건축가를 보면서 덩달아 기분이 좋았다.

Chapter 05

잠시 머무는 집, 스테이

백에이어소시에이츠+춘천 의림여관, 아름다운 숲속 나그네 집

건축가 최봉국+양평 아틴마루, 한국에 없던 캐빈 하우스

노말건축사사무소+경주 무우운,
온지음 집공방과 함께 만든 모던 한옥

카인드건축사사무소+고성 서로재, 부티크 스테이로 초대

백에이어소시에이츠

춘천 의림여관

아름다운 숲속 나그네 집

'백에이어소시에이츠'는 안광일(사진), 박솔하 대표가 이끄는 부티크 건축 사무소. 건축설계뿐 아니라 시공, 인테리어와 가구 디자인까지 논스톱으로 해결한다. 두 대표가 18년간 호흡을 맞춰오고 있다는 것도 든든한 지점. 문과 성향인 박솔하 소장이 무형의 개념과 가치를 잡는 데 능하다면, 이과 성향인 안광일 소장은 예산에 맞춘 최적의 배분과 구현에 강하다. 드러내고 자랑하지 않아 더 힘 있고 근사한 건축을 한다. 100a.kr

드넓은 조록숲에 폭 안긴 듯한 모습의 의림여관.

번아웃은 자기 자신으로 살기 위한 길목이 되기도 한다. 컴퓨터 사업과 게임 제작 관련 사업 등을 하며 쉼 없이 달려오다 보니 더 이상은 뭔가를 계속할 수 없는 지점에 다다랐다. 김남수 대표는 도시에서 치열하게 버티며 살아가는 힘을 '성공력'이라 불렀다. "저희 부부는 성공력이 없는 사람들이에요. 아내는 대기업에서 약 10년간 일했는데, 어느새 몸이 '종합병원'이 되어 있더라고요. 이렇게 살아서 부귀영화를 누릴 것도 아니고, 이제 내려가자고 했습니다."

처음 둥지를 튼 곳은 강원도 홍천이었다. 삶의 수단은 스테이였다. 자연 속에서 푹 쉬는 것이 그가 "좋아한다"고 가장 자신 있게 말할 수 있는 것이었기 때문에 어렵지 않게 결정할 수 있었다. 몸을 쓰고 싶던 걸까? 8~9개월 동안 거의 혼자 목수 역할을 하며 공사를 마무리했다. "중국에서 만든 9만 원짜리 목재 커팅기로 아침 7시부터 해 질 녘까지 일을 했어요. 다시는 안 하겠다고 다짐했지만, 시간이 지나니 또 집을 짓고 싶다는 생각이 나더라고요.(웃음)"

두 번째 집의 부지로 선택한 곳은 춘천의 의암리. 마을 끝자락인 데다 남쪽으로 야산이 펼쳐져 "여기다!" 했다. 숲이 있는 그쪽으로 창을 내면 되겠다 싶었다. 스터디와 경험을 통해 알게 된 수많은 건축가 중 손을 내민 곳은 백에이어소시에이츠의 안광일, 박솔하 대표였다. 설계를 했다, 디자인을 했다고 드러내지 않는 담담함을 오래전부터 눈여겨봐왔다. 그가 사용하는 언어를 따라가다 보니 백에이어소시에이츠를 선택한 이유를 알 것 같았다. 이 건축·디자인사무소의 홈페이지를 보면 이런 말이 나온다. "100A라는 이름은 우리가 추구하는 디자인 철학이다. 100은 百과 白, 두 가지의 뜻을 합하여 아무것도 아닌 것이 천지의 모든 이치라는 의미를 상징한다." 아무것도 아닌 것이 천지의 모든 것이라는 구절이 특히 뇌리에 강하게 박혔다. 아무것도 아닌 것을 천지의 모든 것이라 생각하면 그만큼 마디마디에 정성을 기울일 터. 그렇게 완성한 결과물은 또 아무것도 아니기 때문에 자아도취에 빠질 일이 없다. 지금 40세 미만, 비교적 풍요로운 사회에서 나고 자란 이들은 빈곤한 시간이 없었기 때문에 무언가를 자랑하고픈 욕망이 약하다고 하던데, 40 언저리에 있는 이 百 白 두 건축가에게도 그런 결이 있었다.

"멋있는 거 싫다, 화려한 외관도 싫다"

설계를 부탁하며 김남수 대표가 한 말은 이랬다. "멋있는 거 싫어요. 이 땅이 보이는 공간이면 됩니다. 남쪽으로 야산이 있으니 그쪽으로 창을 내면 좋겠습니다." 더 이상의 구체적인 말은 보태지 않았다. 그 말들이 다 '족쇄'가 될 수 있다고 생각했기 때문이다. 그리고 또 하나의 조건. "돈이 많지 않아요. 시공은 제가 '직영'으로 하고 싶습니다." 그 말을 듣는데 깜짝 놀라 입이 벌어졌다. 아니, 골조 잡는 일이며 목공, 배관 등 그 힘든 일을 어떻게 직접 한다는 말인가. 백에이어소시에이츠 측도 마찬가지였는데, 대화를 하고 집 짓기를 시작하면서 "이분, 보통 사람 아니다. 분명 인테리어업계에 계시던 분이다" 하고 이야

평상 위에 올린 침실, 뒤뜰로만 창을 낸 욕실을 포함해 구석구석 정교하고 세심한 설계가 돋보이는 게스트룸.

기했다고. "건축주 뒤에 있는 이야기를 많이 생각했어요. 다 접고 도시를 떠나 새로운 곳에 정착하는 것은 어떤 의미일까? 사회와 도시에서 받은 상처 같은 것을 어떻게 보듬을 수 있을까?" 그렇게 '열린 단절'이 키워드로 나왔다. 김남수 대표의 생각도 그렇게 설계를 짜는 데 쐐기를 박았다. "한국은 밖으로 보이는 게 중요하잖아요. 외관을 근사하게 꾸미고, 창도 바깥을 향해 멋지게 배치하고. 그런데 집에 들어와서는 커튼을 치지요. 온전히 쉬고 싶으니까요."

완성된 결과물이 궁금할 텐데, 요약하면 이렇다. 우선 외관. 1682m²(약 5백 평) 규모의 너른 대지에 노출 콘크리트로 마감한 커다란 매스 두 개가 가로로 반듯하게 놓여 있다. 한쪽에서 보면 힘 있는 직선이다. 표면 정리는 부러 하지 않았다. 김남수 대표와 안광일 소장은 이 콘크리트 매스를 그냥 '돌'이라고 불렀다. 창문은 집 건물 한쪽에만 작게 내고 숙박동은 과감히 막았다. 바깥에서 보면 거대한 직사각 매스 두 개가 나란히 이어진 모양새라 용도를 알려주지 않으면 어떤 건물인지 짐작하기 쉽지 않다. 그런 이유로 공사를 하는 동안 "안에서 뭘 하는지 알 수 없는 이상한 시설물이 마을에 들어섰다"며 민원이 발생했다고. 이장님도 이런 건물을 지으면 어떡하냐고 한 소리 했지만, 지금은 "마을에 이런 유명한 건물이 있어서 참 좋다"는 쪽으로 분위기가 바뀌었다. 노출 콘크리트에 유일하게 더한 외장재는 적갈색 컬러가 매력적인 열연 철판이다. 철 부산물로 만드는 재료라 온전한 철판보다는 가격이 저렴한 데다 세월과 함께 부식되는 몸체가 멋스럽고, 무엇보다 콘크리트와 합일을 이루어도 전혀 밀리는 구석 없이 당당하다. 열연 철판은 바닥에도 일직선으로 길게 깔려 있다. 일명 캐리어 로드. 짐 가방을 끌고 가는 길인데, 손님도 마을 고양이들도 모두 그곳으로만 걷는 모습이 재미있다. 외관에 두 가지 이상의 재료를 사용하면 되레 힘도 빠지고 번잡스러워진다. 3이 완성의 숫자라는 건 적어도 건축에서는 예외인 것 같다.

묵직하고 무덤덤한 외관과 달리 내부는 정연하고 따뜻하다. 착색하지 않은, 천연 색깔의 나왕 합판을 벽과 천장에 빙 둘렀다. 침대는 나무로 짠 평상 위에 올렸고, 그 앞에는 차茶 도구를 올린 2인용 테이블과 의자가 있다. 욕실 너머로는 숲 안쪽이 소담하게 펼쳐진다. 객실 옆으로 공간을 따로 빼 마련한 부엌도 인상적이다. 하이라이트는 내부 마당. 가로로 널찍한 모양새로, 바닥에는 마사토를 깔고 이끼 낀 너럭바위 하나만 툭 올려놓았다. 아침, 덱 위 의자에 앉아 있으면 숲에서 새소리가 활기차다. 정원수는 키 작은 목련과 벚나무만 한 그루씩. 공사하며 나온 작은 돌로는 초등학교 1학년생 키 높이의 돌담을 가지런히 쌓아 올렸다. 돌담 너머로는 김남수 대표가 이 땅을 산 이유와 목적이기도 한 야산의 풍경이 펼쳐진다. 모두 이곳에 오는 '나그네'가 마음 편히 쉴 수 있기를 바라는 마음에서 조율한 디자인이다. 안광일 건축가는 "여기에 와서 보니 디자인적 장치가 필요 없는 곳이더라고요. 디자인 요소를 최대한 덜어내는 것이 목표였습니다"라고 했다. "애써 자연을 품어 안으려고 노력하지 않았다"는 말도 여운으로 남았다. 건축가는 별로 한 것이 없

다고 했지만, 최소한의 것만 한 그 결정이 실은 크게 한 일이고 그것 역시 아주 적절했다는 확신이 든다. 외관은 20년이 지나도 질리지 않을 만큼 중심이 꽉 잡혀 있고, 내부는 가만 앉아보는 것만으로 절로 마음이 편해지는 공간. 동료인 박솔하 건축가가 이곳에 머물며 운 적이 있다던데, 그 의식과 감정의 흐름을 짐작할 수 있었다.

무서운 것 중 하나가 '살던 속도'다. 도시에서 바쁘게 살던 사람은 다른 곳에서 새로운 시작을 하면서도 그 속도의 관성을 끊지 못하고 여전히 치열하게 산다. 나부터도 그렇다. 어쩌면 그렇지 않아 보이는 김남수 대표도 그럴지 모른다. 자명한 것은 그게 삶이고 우리는 모두 일생의 방랑자라는 것. 의림여관懿林旅館은 '아름다운 숲속 나그네의 집'이란 뜻이다.

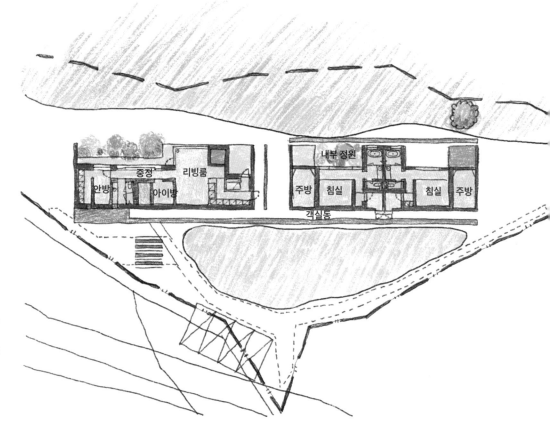

현관 재료로는
적갈색 컬러가
매력적인 열연
철판을 사용했다.
김남수 대표와
안광일 대표 모두
만족스러워한
조합이다.

건축가 최봉국

양평 아틴마루

한국에 없던 캐빈 하우스

땅에 별도의 배수 배관을 매립하고 지은 아틴마루 사례에서 보듯 어떤 험준한
조건에서도 만족할 만한 결과물을 만들어낼 수 있는 건축가. 아틴마루에 있는
캐빈은 지금껏 내가 본 '컨테이너 박스'의 가장 미학적 변신이었는데, 내부 구조까지
세련되게 마감해 경제적이면서도 건축적 매력이 물씬 풍기는 공간으로 만들어냈다.
건국대학교를 졸업하고 6년간 NEED21 Associate에서 근무하며 인테리어디자인과
관련한 지식과 경험을 쌓은 것이 큰 자산. 디밍 조명을 포함해 각종 디지털 기술을
적용하는 데도 밝다. 갤러리로얄과 진행한 토크 프로그램 <건축가의 집>을 통해 그가
설계하고 지은 다른 집도 여럿 봤는데, 견고하면서도 단정한 미감이 공통점. 창의
구조와 배치, 주변 자연과의 조화가 돋보이는 단독주택도 많다. 몇 년 전에는 가족이나
연인의 '목욕'을 키워드로 한 숙소 아틴해우를 오픈했다. www.bk-a.kr

상공에서 바라본 아틴마루 전경. 사계절 모두 각자의 빛과 색으로 아름답다.

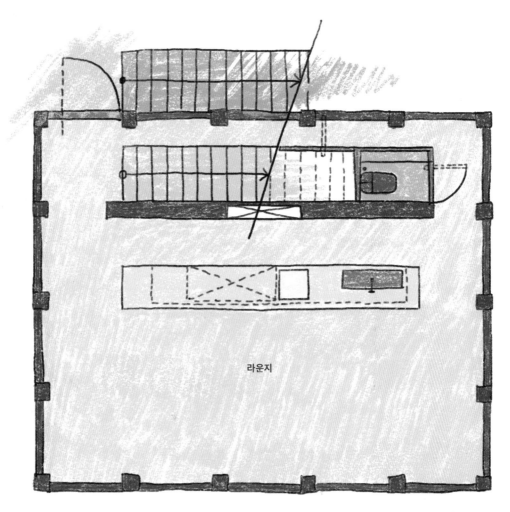

라운지

공용건물 1층 평면도

부지 초입에 자리 잡고 있는 공용 공간. 아침 식사와 영화 관람 등 다양한 여가 시간을 누리는 곳이다.

양평에 자리한 아틴마루는 국적이 불분명해 더욱 매력적인 곳이다. 사진만 보여 주고 이곳이 어딘지를 묻는다면 한국이라고 맞히는 사람이 많지 않을 것이다. 그만큼 파격적이고 관습적이지 않다. 뒤로는 야산이 펼쳐진 작은 마을의 맨 꼭대기. 아연 골강판을 외장재로 사용해 자체 발광체처럼 반짝이는 작은 캐빈이 둔덕 곳곳에 독립적으로 자리잡고 있다. 캐빈 간 거리는 15~58m, 캐빈 한 곳의 바닥 면적은 $26m^2$(8평). 크기는 작지만 설비는 최신식이어서 조명은 디밍으로 미세한 조절이 가능하고, 바닥은 난방장치를 깔아 겨울에도 따뜻하다. 화장실도 건식이다. 디지털 시스템으로만 분위기가 쏠리지 않고 아날로그적 요소로 적절한 밸런스를 맞춘 것이 미덕. 통창 아래쪽으로 고정식 테이블을 놓아 차분히 글을 쓰거나 숲에 찾아드는 계절을 물끄러미 바라볼 수 있다. 침구는 천연 목화솜과 광목천으로 구비했다. 오디오 위에는 CD 한 장만 올려두었는데 캐빈 네 채에 명명한 봄, 여름, 가을, 겨울을 대표하는 음반이다. 아늑한 크기, 단정한 침구, 최소한의 비품, 딱 내가 원하는 밝기로 조절이 가능한 조명, 그리고 숲만 담아내는 사각 창은 여행객에게 묘한 평온함과 따뜻함을 가져다준다. 저녁을 지나 밤이 되면 더욱 짙어지는 숲속의 어둠, 다음 날 아침 서서히 밝아오는 여명을 보던 순간이 아직도 새록새록 떠오른다. 체크아웃할 때는 나무 아래쪽으로 빛이 고여 윤슬처럼 반짝였다.

건축 실험이기도 한 이곳의 주인은 최봉국 건축가다. 인테리어를 기반으로 하는 건축설계 사무소 니드21에서 실무 감각을 쌓은 그는 손잡이, 조명의 조도, 스위치 하나까지 좀 더 새로운 것으로 찾고 따지던 습관 덕분에 이렇듯 미세한 디테일을 본인의 첫 숙소에 적용할 수 있었다.

하지만 그런 부분은 어디까지나 테크니컬한 영역이고, 그에게 숙소를 짓게 한 힘은 다른 곳에서 기원한다. 저 멀리 떠난 여행. "개인 사정으로 16~17세 때부터 일을 했어요. 서른다섯 살이 됐는데 약 20년간 사회생활을 한 터라 심적으로 많이 힘들었어요. 주변을 봐도 40~50대가 되면 일종의 갱년기가 나타나는데, 일을 일찍 시작하다 보니 그 시간도 일찍 찾아온 거죠. 일을 해야 하는 이유도 모르겠고, 경제적으로 어렵지 않았음에도 이 돈으로 뭘 하지 싶더라고요. 출구를 못 찾으니 건강이 악화되고 컨디션도 회복이 안 됐어요. 가족과 보내는 시간의 질도 떨어지고…. 이렇게는 안 되겠다 싶어 가족들을 모두 이끌고 여행을 떠났습니다."

여행은 10개월 동안 이어졌다. 아내와 딸이 함께했고, 시작점인 러시아에서만 43일을 지냈다. 그곳에서 시간을 보낸 후에는 아이슬란드, 영국, 프랑스, 네덜란드와 북구의 나라들을 여행했다. 전장에 보내도 될 만큼 듬직하고 튼튼한 랜드로버 디펜더가 여행에 함께했는데, 언뜻 초특급 군용차량 같은 모습이다. 여관이나 호텔에 묵을 때도 많았지만 그의 감각을 오롯하게 적신 곳은 숲이나 산속에서의 하룻밤이었다. 요리를 하고, 빨래를 널고, 태양을 느끼고, 머릿속을 바람에 맡기던 시간. 루트 텐트를 디펜더에 연결하면 그곳이 숙소이자 천문대가 되었다. 긴 여행의 기록은 책으로도 묶여 나왔다. 《사월》. 캐빈마다 비치해두었는데, 멀리 떠날 수 없는 나날이라 그곳의 시간과 기록이 더 이국적이고 드라마틱하게 와닿았다. 아이슬란드의 바다에서는 밍크고래가 헤엄치고 러시아의 바이칼 호수는 보는 것만으로 냉기가 훅 끼치고…. 풍광도 풍광이지만 그런 곳에 있으면 시끄럽던 마음이 어느새 잠잠해지고 담대한 평온이 찾아올 것 같은 막연한 설렘이 있다. 봄볕을 받은 꽃봉오리가 마침내 망울을 터뜨리듯 자연스럽게 새로운 삶을 그리게 되지 않을까 하는 상상. 최봉국 건축가는 "그 여행이 나를 바꾸어놨다"고 했다. "러시아의 푸른 초원에서 멍하니 서 있을 때의 느낌을 잊을 수가 없어요. 저마다의 장소에는 저마다의 기운이 있다는 걸 알았지요. 차에 텐트를 치고 초원에서 자는 날도 많았는데 그런 곳에서의 하룻밤

숲속에 파묻힌 게스트룸. 아연골강판으로 마감한 외관이 자체발광체처럼 반짝인다.

222

공용 건물 꼭대기층에서 만나는 공간. 통나무로 긴 의자를 만들어놓았다

크고 넓은 통창으로 넘실거리는 자연의 숨결을 느끼는 것만으로 깊은 위안을 얻는다.

은 호텔의 그것과 완전히 달라요. 더 많은 감각이 더 많이 깨어나지요." 좋다, 호사롭다 하는 감정을 느끼게 한 핵심은 넓은 자연과 최소한의 머물 곳. 한국에 돌아온 그는 그런 공간을 만들어보고 싶다는 열망에 불을 지폈고, 수년간의 계획과 고생 끝에 아틴마루를 선보였다.

공사는 결코 쉽지 않았다. 숙소에 머문 날 최봉국 건축가가 들려준 이야기는 이렇다. "이곳은 본래 고랭지 밭농사를 짓던 곳이에요. 땅에 물이 너무 많아서 매물로 나온 지 7년 동안 거래가 되지 않았습니다. 그 많은 물을 빼내는 게 제일 힘들었어요. 땅속에 별도의 배수 배관을 매립했는데도 다음 날 물이 허리춤까지 차더라고요. 지대가 높아 레미콘이 오르는 데도 애를 먹었습니다. 최대 용량인 6m³를 실으면 뒤집힐 우려가 있어 5m³만 싣고 올라왔어요. 그만큼 회차가 늘어나니 비용이 더 들었고요. 동네에 펜션과 야영장이 생긴다는 소문이 돌아 이곳에 세컨드 하우스를 마련한 분들에게 걱정도 많이 끼쳤어요. '객실에서 조리가 안 되고 불 피우는 것도 금지했으니 걱정 안 하셔도 된다' 하며 한 분 한 분 설득했습니다." 그 험난한 여정을 들으면서 그가 이곳을 단순한 상업 시설이나 돈벌이로만 생각했다면 진즉 포기하지 않았을까 하는 생각이 들었다. 러시아에서, 북유럽에서 보낸 자연 속 시공간을 한국에서도 선보이고 싶다는 개척자적 의욕이 없었다면 오늘날 아틴마루는 세상에 나오지 못했을 것이다.

그래서 그는 이곳에서 얼마나 충만한 시간을 보내고 있을까? "제가 지어놓고도 숙소에서 자본 적이 없어요. 들어가서 자면 청소를 해야 하니까.(웃음) 오픈하고 나서부터 매일 정신없이 바쁘기도 했고요. 얼마 전에 아내가 친구를 불러서 하룻밤 잤는데 너무 좋았다고는 하더라고요. 하하."

건축과 건물이라는 것이 그렇다. 한번 짓고 나면 또 다른 꿈이 생기고 또 다른 스타일로 한 번 더 지어보고 싶은 생각이 든다. 이번에는 더 잘할 수 있을 것 같은 의욕도 마구 샘솟는다. 최봉국 건축가 역시 마찬가지. 다음 숙소의 키워드는 '목욕'이다. "초등학교 때 목욕탕에 가면 기분이 좋았어요. 뜨끈한 물에 몸을 담그고 때를 밀고 나면 개운하잖아요. 노곤하고 가뿐해진 채로 탕에서 나와 마시는 음료수도 맛있고요. 그런 기억을 가져와 만드는 숙소로 총 3층으로 구성했어요. 위치도 부러 강가에 잡았습니다. 1층에는 독채로 된 가족 목욕탕이 있고, 2층에는 식당이 있습니다. 목욕 후 먹는 음식이 맛있잖아요. 3층은 침실이고요. 강가에서 목욕하고 맛있는 음식을 먹고 푹 쉬는 바람을 담아 설계했어요. 건축 허가가 진행 중이고 완공 목표는 8월입니다(2021년 완공한 아틴마루에 이어 아틴해우는 2022년 오픈했으며 역시 양평에 있다). 날이 풀리는 대로 착공할 예정이고요. 자연에서 우리가 누려야 할 것은 사색이라고 생각하는데, 그 사색을 깨끗한 몸과 마음으로 하면 더 좋을 것 같아 시작했지요. 그곳에서 느끼고 경험한 그 기억, 특별하고 소중한 그 순간을 계속해서 만들어내고 싶습니다."

숙소로 쓰는 캐빈의 내외부. 아연 골강판과 나무로만 깔끔하게 마감했으며, 내부 역시 일체의 군더더기 없이 디자인했다.

노말건축사사무소

경주 무우운

온지음 집공방과 함께 만든 모던 한옥

'노말건축사사무소'는 와이즈건축에서 실무를 하다 인연을 맺은 조세연·최민욱·이복기
소장이 함께 꾸려가는 곳으로, 단독주택을 포함한 상공간과 뮤지엄까지 다양한
프로젝트를 진행한다. 간결하고 정제된 디자인과 설계로 편안한 기운을 주는 것이
강점이다. 무우운 프로젝트를 위해 온지음 집공방과 협업할 만큼 좋은 집과 공간에
열정적이다. 온지음 집공방(onjium.org)은 김봉렬(한국예술종합학교 교수이자 건축가)
공방장과 연구원들이 건축, 문화재 등 공간과 관련한 모든 프로젝트를 실행하는 전문가
집단이다. www.no-mal.com

초록 정원과 흰색 단면의 조화가
멋스러운 외관

건축가를 취재하다 보면 종종 이런 생각이 든다. 미래의 거장을 미리 알아볼 수 있는 능력이 있다면 얼마나 좋을까? 그 능력 전에 집이나 건물을 올릴 돈이 있어야겠지만, 능력 출중한 이들이 한창 패기와 열정으로 넘칠 때 작은 프로젝트라도 함께 할 수 있다면 너무나 짜릿할 것 같다. 그 건물은 인구에 두고두고 회자될 것이니 그 역시 훈장일 테고. 중견도 좋고 거장도 좋지만, 언젠가는 건축계에 출사표를 던진 지 얼마 되지 않은 뉴 블러드new blood와 함께하고 싶다. 굳이 영예를 얻지 못하면 또 어떤가. 그런 신인을 찾는 과정은 힘들고 아득하겠지만, 그렇게 만난 이와 머리를 맞대고 파이팅할 때의 기분은 활력으로 행복할 것 같다.

경주에 새로 들어선 한옥 스테이 무우운霧友雲의 건축주 황규철 씨는 프로젝트를 준비하며 모든 일을 아들에게 맡겼다. 그리고 그 아들은 고심한 끝에 노말건축사사무소를 낙점했다. 2019년 개소한 신인이었다. 전숙희, 장영철 소장이 이끄는 와이즈건축에서 실무를 하다 만난 조세연, 최민욱 소장이 먼저 팀을 꾸리고 이후 이복기 소장이 합류해 3인 소장 체제를 갖춘 이들은 '노말Nomal'이란 이름의 사무소를 론칭했다. '보통의' '평범한'이란 뜻의 영어 단어 노말normal에서 r자만 빼버린 네이밍으로 일상의 관습을 살짝 비틀어 새롭고 특별한 공간을 만든다는 포부를 담았다.

1 무우운의 객실 전경. 단을 올린 후
침대를 놓고 바닥에 앉거나 누워 쉴 수
있는 잉여 공간을 넓게 만들었다.
2 폐쇄적인 파사드와 달리 내부는 곳곳이
밖으로 열리고 연결되며 넉넉한 환유의
풍경을 만들어낸다.

사료와 자료에서 출발하지만 실험은 과감하게

앞서 소개한 대로 무우운 프로젝트는 노말에서 의뢰받은 것이고, 자체적으로 잘하면 될 일이었다. 하지만 노말은 좀 더 근사하고 모던한 한옥을 짓고 싶어 전통문화 연구소인 온지음 집공방에 협업 제안을 했다. "안 될 줄 알았어요.(웃음) 온지음은 엄청난 곳이잖아요. 재벌 총수 별장이나 문화재 복원 같은 큰 프로젝트만 한다고 생각했지요. 그런데 온지음 측에서 저희를 알고 있었고, 해보자는 연락이 왔어요. 젊은 친구들이 노력한다는 생각에 선의로 해주신 거라 생각해요." 이런 얘기를 전하자 온지음 집공방의 이재오 선임은 "흔한 오해"라며 웃었다. "집공방에 설계를 맡기면 비용이 많이 들 거라 생각하는데, 일반 건축사 사무소 요율을 기준으로 금액을 책정하고 있어요. 프로젝트 성격에 따라 조율도 해드리고요. 이번 제안은 그 자체로 귀한 면이 있었어요. 일반 대중도 편하게 이용할 수 있는 공간을 만들 기회는 흔치 않으니까요."

두 건축 그룹이 머리를 맞대고 작업한 무우운에서 가장 특별한 것을 꼽으라면 단연 반침半寢(벽체를 밖으로 돌출시켜 만든 공간)의 파격적 배치다. 반침은 일종의 공간 구획으로 보통 기둥 열에 맞춰 구조를 잡는다. 일반 한옥을 떠올려보자. 기단이 있고 그 위에 주춧돌이 올라간다. 그리고 그 위에 다시 일정한 간격으로 기둥이 쭉 세워지고 그 사이에는 회벽이 네모난 면으로 들어간다. 위로는 창문도 자리를 잡아 반듯하고 통일감 있는 미감이 완성된다. 무우운의 입면은 그런 모습과 완전히 다르다. 반듯한 면이 바깥 마당쪽으로 가지런히 돌출되었는데, 캔틸레버 구조(한쪽 끝은 고정되고 다른 쪽 끝은 받치지 않은 상태의 보)를 적용해 허공에 살짝 떠 있는 모습이다. 도열하듯 쭉 이어진 기둥도 없다. 동일한 규격의 회벽만 반복적으로 펼쳐져 한층 모던하게 보인다. 그야말로 과감한 선택과 포기. 환기와 채광은 상부에 올린 작은 사각 모양의 맞창으로 해결했다. 입구 위치도 신선하다. 대문은 으레 집의 가운데에 있지만 이곳은 벽이 끝나는 귀퉁이에 자리 잡고 있다. 45도로 꺾은 입구를 지나면 제법 큰 정원이 펼쳐지고, 한 바퀴 크게 돌아가면 진짜 집 입구에 닿는다. 조세연 소장은 밤이 돼 회벽에 흔들리는 나무 그림자가 정말 아름답다며 자부심을 비쳤다. 벽을 다 막은 덕분에 즐길 수 있는 그림. 결국 건축은 어디서 막고 어디서 열지를 결정하는 일이다.

재미있는 포인트는 이런 시도와 실험이 모두 사료와 고증을 바탕으로 한다는 것. 그것이 온지음 집공방의 핵심이고, 이런 부분을 가볍게 생각한다면 집공방과 함께할 이유가 없다. 예전에도 입구를 45도 각도로 꺾은 한옥이 있었으니 경남 함양의 부농으로 알려진 허삼둘 가옥이 그랬다. 조세연 소장은 "집공방과 함께하면서 많은 것을 알게 됐어요. 처마의 곡선을 포함해 콘크리트 건축과는 또 다른 차원의 디테일이 있더라고요. 수치와 감이 고도로 맞물려 있는. 집공방에서는 저희가 어떤 제안을 하면 연결된 맥락의 자료를 모두 조사해 리포트처럼 보여주셨어요. 언젠가는 '우리 선조들은 어떻게 목욕을 했을까요?' 여쭈었는데, '흥미로운 질문인데요?' 하더니 며칠 있다 보고서가 뭉텅이로 날아왔

ㄱ자집 두 채가
맞붙어 있는 구조의
무우운. 앞뒤 모두
현대적 모습이다.

어요.(웃음) 옛 한옥은 그 구조와 배치가 훨씬 자유롭고 파격적이었는데, 오히려 우리 세대가 어떤 편견을 갖고 정해진 답처럼 몰고 가는 건 아닌가 하는 생각도 들었습니다. 경기민요 소리꾼인 이희문 씨도 그러더라고요. 우리 선조들은 자유로웠고 하고 싶은 것도 많았고 그만큼 민요의 종류도 다양했는데, 후대가 그 범주와 폭을 한정해버린다고. 한옥도 마찬가지 아닐까요? 만약 선조들이 타임머신을 타고 이 시대로 날아온다면 지금 우리가 생각하는 한옥의 형태보다 훨씬 자유롭게 집을 지었을 것 같아요." 세 개나 되는 마당도 남다른 포인트. ㄱ자 한옥 두 채가 연결된 구조인데 남쪽에는 진입 마당이 있고, 동쪽에는 경주 남산을 향해 열려 있는 마당이 있다. 북쪽 마당에서는 박혁거세의 탄생 신화가 깃들어 있는 '나정'이 보인다.

    콘크리트를 부어 골조를 짜는 대신 짜 맞춤을 포함한 하나하나의 모든 공정에 수

공이 들어가는 한옥은 그 자체로 큰 공예라 할 만하다. 한옥의 힘은 사람의 힘, 그리고 두 손의 힘인지도 모른다. 무우운에서는 그 손길의 정성과 디테일을 여러 곳에서 확인할 수 있다. 우선 콩댐. 불린 콩을 갈아 들기름에 섞어 장판에 바르는 이 일은 일정한 주기를 두고 반복해서 작업을 해야 하기 때문에 공사 기일이 곧 돈인 요즘의 현실과 맞지 않지만, 무우운에서는 그 과정을 묵묵하게 지켰다. 건축주인 황규철 씨는 "한 번 바르고 또 일주일 있다 와서 바르고 몇 번을 그렇게 하더라고요. 칠을 반복해서 올리는 건데, 그렇게 하면 장판도 부드러워지고 표면에서도 윤이 나지요"라고 말했다. 좀처럼 보기 힘든 흙미장도 있다. 말 그대로 황톳빛 흙으로 마감을 한 바닥. 여기에 한 줌 빛이 들어오거나 난방을 하면 흙의 빛깔과 온기를 가만 보고 느끼는 것만으로도 마음이 따뜻해진다. "나무에 손을 댈 때랑 철제에 손을 댈 때 느낌이 다르잖아요. 사람 손을 만질 때는 보드라우면서도 따뜻한, 또 다른 기분이 들고요. 흙바닥을 손으로 쓸고 있으면 마음이 편안해요. 바닥에서 한 칸 단을 올려 침실을 꾸몄는데, 침대 옆에 빈 공간을 제법 넓게 만들었어요. '이곳은 앉아서 쉬거나 눕기도 하는 공간입니다' 하는 의도를 전하고 싶었습니다." 조세연 소장은 2020년 아름지기 전시 <바닥, 디디어 오르다>에서 집공방이 선보인 흙미장에서 아이디어를 얻었다고 했다.

집을 지으며 건축가가 보낸 시간은 집이 완성된 후 그곳에 들어와 사는 건축주의 일상에 반복되는 계절처럼 켜켜이 쌓여간다. 그때마다 이런 점은 참 좋네, 이런 고민은 참 고맙네 하는 기분이 든다. 그런 관점에서 봤을 때 무우운의 건축주는 얼마나 복이 많은 사람인지! 최적의 창호문을 찾기 위해 20여 개의 옵션을 들여다보고 삼베로 된 방충망을 넣는 등 모든 요소에서 애쓴 흔적은 두고두고 따뜻한 배려이자 노력으로 와닿을 것이다.

얇은 나뭇살을 규칙적으로 배치해 수학 같은 정교함을 느끼게 하는 창호문.

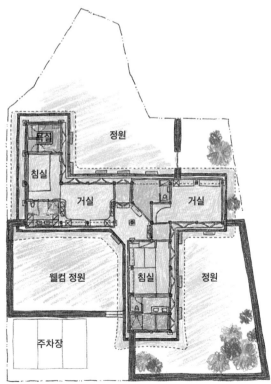

카인드건축사사무소

고성 서로재

부티크 스테이로 초대

카인드건축사사무소를 이끄는 이대규(왼쪽), 김우상 건축가(오른쪽). 집이라는 4차 함수를 찬찬히, 섬세하게 푸는 것으로 유명하다. 건축주가 원하는 집에 대한 이야기를 오랫동안 듣고, 그다음에는 건축주가 좋아하는 공간, 본인들이 좋아하는 공간을 차례로 탐방하며 더 편안하고 아름다운 집을 위한 미감의 실마리들을 맞추어나간다. "건축은 언제나 이미 거기에 있는 것에 의존한다"는 영국 건축가 사이먼 언윈Simon Unwin의 말을 좋아하는 데서 보듯 특정한 영감을 받아 단숨에 짓는 집이 아니라, 주변 환경과 건축주의 삶에 원래 존재한 것처럼 편안하게 스머드는 집을 추구한다. 인테리어 감각도 좋아 가벽과 창턱, 곡선으로 굴리는 현관 바닥 등 집을 한층 세련되게 만드는 지점들을 건축에 맞춤한 듯 잘 녹여낸다. www.kindarchitecture.com

어둠이 내려앉은 서로재. 거대한 조각 같은 조형미가 압권이다.

왼쪽 벽 하단에
사각 개구부를
뚫은 모습.
이런 디테일을
곳곳에서 발견할
수 있다.
위 저마다 다른
모습으로 디자인한
객실. 자연은 모든
곳에 핵심처럼
들어간다.

강원도 고성에 있는 서로재는 크고 작은 것이 다 좋은 곳이다. 큰 산업 시설 없이 잔잔하고 고즈넉한 고성. 그곳에서도 야트막한 언덕을 올라가면 펼쳐지는 작은 마을, 삼포리에 둥지를 튼 덕에 순하고 차분한 시간을 보내기 좋다. 15년 가까이 건축가로 살아온 김재수 대표는 역시 건축 사무소에서 6년간 일한 아내와 함께 이곳을 계획하면서 건축에 힘을 주기로 결정한다. 가장 큰 결단은 본인들이 설계를 하지 않고 다른 사람을 찾은 것. 본인들의 포트폴리오를 위해서도 그렇고, 비용 절감을 위해서라도 직접 설계를 할 법한데 이들은 그 부분을 깨끗이 포기했다. 건축가로서 개인적 열망보다 이왕 하는 거 좋은 숙소를 짓고 싶다는 바람이 컸다. 수소문 끝에 찾은 사람은 카인드건축사사무소를 이끄는 김우상·이대규 대표. 젊은 건축 듀오는 건물이 올라가는 동안 이곳에 상주하다시피 하며 대담함과 조밀함이 돋보이는 건물을 완성해냈다.

서로재에 가면 건축주와 건축가가 이곳에 얼마나 오롯이 마음을 쏟았는지 알 수 있다. 조금은 황량하고 거친 들판과의 조화를 위해 외부 마감재는 노출 콘크리트로 정했는데, 오래되고 따뜻한 질감을 내려고 고압의 물을 분사해 표면을 군데군데 파이게 하는 공법을 적용했다. '작은 산책길'이라 정의할 수 있는 시퀀스에도 신경을 썼다. 양쪽 벽으로 막힌 어둑한 진입로를 따라 들어간 후 오른쪽으로 방향을 틀면 소나무 군락지가 나타난다. 이끌리듯 그 앞으로 가면 저 멀리 들판과 이름 없는 산야가 차분하게 펼쳐진다. 리셉션이자 환대의 공간인 차실에 들어가면 소나무 숲이 더 소중하게 다가온다. "이곳에 앉

회색과 먹색의 모노톤으로 컬러를 통일한 객실. 환한 정원을 더 차분한 마음으로 감상하게 된다.

아 시간에 따라 빛이 움직이는 것만 봐도 지루하지 않다"는 김재수 대표의 말이 생생하다. 이 풍경을 본 동네 어른들은 "이곳에 이렇게 멋진 소나무 숲이 있는지 몰랐다"며 놀란다고.

차실에서 오른쪽으로 들어가면 만나는 느릅나무도 근사하다. 카인드건축에서는 느릅나무의 몸을 피해 지붕 선을 절개했고, 그 덕에 오래된 이 나무는 이전과 똑같은 싱그러움과 그림자를 만들어낸다. '채움'과 '비움'을 주제로 한 총 일곱 개 객실은 그렇듯 모두 세심하게 계획된 풍경과 구조를 지니고 있다. "일곱 개 객실이지만 일곱 개의 집이라 해도 될 만큼 많은 공이 들어갔다"는 말에 절로 고개가 끄덕여진다. 저마다 살뜰한 개인 정원을 갖고 있고 중정과 별채를 갖춘 객실도 있다. 실내외 입욕 시설도 상징처럼 들어가 있는데, 뜨거운 탕에서 노천욕을 하며 밤하늘을 올려다보면 멀리 여행 와서 바라보는 듯 생경하면서도 만족스러운 기분이 든다. 몇몇 객실에서는 외벽의 면을 과감하게 잘라 저 멀리, 시원스레 펼쳐지는 설악산 풍경도 눈에 들어온다. 김우상 건축가는 "자연에 순응한 배치, 모두가 누리는 나무, 원경을 바라볼 수 있는 배치와 구조를 중심으로 크고 작은 것들을 설계했다. 새 건물이지만 빛과 그림자가 매끈한 표면에 떨어지는 것이 아니라, 조금은 성기고 굵은 텍스처와 표정 위에 드리워지기를 원했다"고 말한다.

이제 건축주의 이야기를 들어보자. 결국 숙소는 주인의 꿈과 이야기가 전부인 곳이니까. 숙소에 대한 밑그림을 그리기 시작한 때는 약 7년 전으로 거슬러 올라간다. 김재수 대표의 어머니가 돌아가시고 부부는 고향인 속초로 내려왔다. 서울과의 결별은 의외로 간단했다. 건축 일이라는 것이 밤낮을 안 가리고 철야 작업도 많다 보니 뻘에 발을 묻듯 점점 피곤이 가중되었다. 좀 더 여유롭게, 좀 더 재미있게 살고 싶었다. 속초로 내려와 자주 본 것은 해변과 바다였다.

오래 봐도 질리지 않는 수수한 얼굴

자유 같은 풍경을 마음에 담다 보니 새로운 삶을 위한 새로운 그림이 자연스레 그려졌다. 바다를 찾아온 많은 사람을 보면서 '숙소를 해보면 어떨까' 하는 생각이 점점, 자주 들었다. 건축에 대한 지식과 사람을 좋아하는 능력과 기질이 꿈을 구체화했다. 고성에 단독주택을 얻어 살게 됐는데 아침저녁으로 산책하면서 나무와 산세, 들판에도 자꾸 마음이 갔다. 인생의 큰 전환점이자 변곡점은 의외로 간단하게 진행되었다. 부부는 집과 땅을 팔아 서로재에 '올인'했다. 카인드건축 김우상, 이대규 소장에게 이들이 부탁한 것은 한 가지. "이왕 짓는 것, 건축대상까지 받았으면 좋겠다. 고성에 근사한 건물이 많지 않은데 서로재로 인해 이 마을과 지역이 명소가 돼서 동네 분들에게도 도움이 되면 좋겠다." 건축대상까지 언급한 것은 서로재를 짓기까지의 우여곡절 때문이기도 했다. "처음에는 바닷가 쪽에 땅을 샀어요. 그런데 고민을 하다 보니 풍경이 단조롭고 좀 시끄러운 것 아닌가 하는 생각이 들더라고요. 저희가 작업한 설계안도 갖고 있었는데 '아… 이걸로는 부족

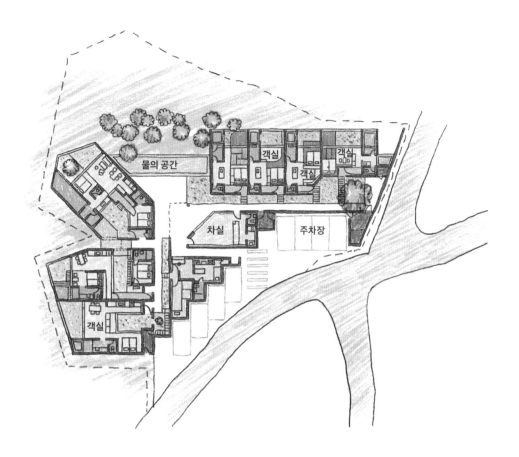

하다, 비용과 시간을 더 들여서라도 제대로 하자' 하는 마음이 들어 그 설계안을 폐기하고 다시 처음부터 시작한 것도 있고요. 건축가로서의 일을 다 놓아버린 건 아닙니다(웃음). 가평에 장모님 댁을 설계해드렸고, 이번에 준공이 났어요. 김우상 건축가랑 작업하면서 가장 좋았던 건 뿌듯했다는 거예요. 디자인이 너무 마음에 들게 나와서 계속, 수시로 뿌듯했습니다. 바닷가에 또 다른 숙소를 지어보고 싶다는 욕심도 생겼어요."

건축만큼이나 욕심낸 것이 경험과 디테일이었다. 여행지와 숙소에서의 시간은 일종의 가중치가 붙기 때문에 더 섬세하게 시공간의 결을 어루만지고 싶었다. 조경상회(www.studio89.co.kr)와 손잡고 소박한 정원을 만들었고, 사이니지를 포함해 브랜딩과 관련한 모든 디자인은 스튜디오 램의 자문을 받았다.

여장을 풀고 숙소에서 시간을 보내다 보면 서로재를 부티크 스테이라 명명할 만한 근거를 자연스럽게 느끼게 된다. 강고운 작가의 개완 세트로 윈난성 무량산 일대에서 생산한 보이차를 마시는 시간을 제안하고, 솔방울과 나무 함을 디퓨저로 사용한다. 체크인을 전후해 맛집 정보도 문자메시지로 날아오는데, 모두 숙소로 배달이 되는 곳이라 만족스럽다. 추천 리스트 중 마도로스 횟집의 회가 특히 신선했다. 조경이 품고 있는 것도 시간의 결에 많은 영향을 끼쳤다. 남천과 산수국을 포함해 오래 봐도 질리지 않는 수수한 얼굴로만 듬성듬성 식재해 눈과 마음 모두가 담백했다.

김대균 건축가와의 대화,
집 짓는 시간이 행복하려면

오랜 인연의 건축주와 함께한 서울 누하동의
한옥. 반침을 활용한 구조로 창호 문을 열면
후원이 펼쳐진다.

건축가 김대균은 집에 큰 애착을 갖고 있는 이다. 10년 전
첫 집을 설계하며 집 짓는 건축가가 되었고, 최근에는 집의
의미와 가치, 그리고 행복을 담은 책 《집생각》을 펴냈다. 그
책을 읽으며 얼마나 많은 페이지의 귀를 접었는지 모른다.
시중에 나와 있는 집에 관한 많은 책이 집을 사고팔고 고치며
경험한 주관적 이야기라면 이 책은 집에서 한 뼘 붕 떠올라
감각과 유희, 몰입과 즐거움을 경험할 수 있는 집의 시간은
어떻게 만들어지고 직조되는지 찬찬히 설명해준다. 철학과
조경, 명리학에도 밝아 책 읽는 재미가 한층 풍성하다.
'건축가의 집' 토크를 하고, 이 책에 실린 미술 평론가 유경희
선생의 집을 취재하면서도 그가 집에 얼마나 박식한 이론과
철학을 지니고 있는지 알 수 있었다. 행복하게 집을 짓고, 그
안에서 또 행복한 삶을 사는 비결에 관한 일문일답.

**집을 정말 좋아하는 것 같은데, 집에 이렇게 큰
애착을 갖는 이유나 배경이 있을까요?**
'나는 누구인가?'라고 하면 말하기가 어렵잖아요. 괜스레

철학적이 되고요. 그런데 나는 어디서 태어났고, 어떤 걸 공부했고, 여가 시간은 어떻게 보내고, 좋아하는 음악은 뭐고, 어떤 음식을 좋아하는지 이야기하다 보면 나에 관해 비교적 쉽게 말할 수 있어요. 이런 것의 중심에는 집이 있고요. 사회에서 우리는 모두 페르소나로 살아요. 나라는 실체의 관계도를 해부해보면 다양한 모습의 내가 보이는데, 오직 집에서만 온전한 나로 살아가지요. 나의 근원적이고 본질적 모습은 집에 있는 셈입니다. 나를 말해주는 다양한 조건과 환경이 있지만 언제나 변하지 않는 확실한 앵커(닻)는 집이지요. 좋아하는 집의 구조나 형태, 창문과 빛의 방향, 동선의 흐름 같은 것은 구체적 실체가 있는 것이고 무척 실재적인 것이지만, 오히려 이런 것을 통해 '나는 누구인가?'라는 추상적이고 철학적인 질문에 답할 수 있다고 봐요. 집에서 보내는 시간을 차분히 들여다보면 내가 보이고, 나로 잘 살면 그것이 행복한 인생이지요. 이런 인과관계를 깨닫게 되면서 점점 집에 관심과 애정이 생긴 듯해요.

궁금해집니다. 집에서의 소장님은 어떤 사람일까요?
집을 지독하게도 좋아하는 사람이라 가급적 해가 지기 전 퇴근하려고 합니다. 집에 도착한 다음에는 음악을 듣고 간단히 저녁 식사를 하고 소파에 누워 쉬기도 하면서 느긋하게 시간 보내는 것을 좋아해요. 턴테이블에 LP판을 올려놓고 멍 때리고 있으면 그냥 다 좋아요. 뉘엿뉘엿 해가 다 지고 난 다음에 집에 돌아오면 너무 서글퍼요. 집에 들어오면서 장을 보는 것도 좋아합니다. 주로 단품 요리를 하는데, 어제는 오징어를 사 와서 펜네 파스타를 해 먹었어요. 오늘 저녁엔 뭘 해 먹나, 음악은 뭘 듣나 고민하는 게 즐겁습니다.

많은 사람이 집의 정서적 가치를 모르고 살다가 코로나19 사태를 계기로 집의 가치를 깨닫게 된 것 같습니다. 그 전의 집이 출퇴근을 위한 정거장 같은 것이었다면 팬데믹 국면을 통과하면서 오래 머무르고 그 안에서 평안을 얻는 둥지이자 종착역이 되었지요. 우리에게 집과 집의 시간은 어떤 의미가 있을까요?
우리는 매일 살잖아요. 매일이 잘 쌓이면 행복한 일상과 삶이 되는 거고요. 일상이 아름답지 않으면 좋은 곳으로 여행을 가고 비싼 물건을 사는 것도 큰 의미가 없어요. 1년에 그렇게

'크게' 행복한 날이 며칠이나 되겠어요. 집을 잘 가꾼다는 건 내 일상을 잘 채운다는 것과 같은 의미예요. 집은 일상의 공간이지만 그 안에는 어떤 특별함도 담겨 있어야 해요. 친구를 맞이하는 공간을 만든다든지, 가족 구성원들이 성장하는 모습을 담은 액자를 걸어놓는다든지, 오디오 시스템을 구비한다든지 하는. 그렇게 일상과 특별함이 같이 있으면 집에 얼마나 가고 싶겠어요?(웃음) 그리고 집이 그렇게 의미 있고 중요한 곳이라고 인식하게 되면 접시를 하나 사더라도 더 즐겁고 신중하게 고르게 되고 물건에 이야기가 더해지지요. 집이 더 애틋해지고 그 안에서 행복과 위안을 얻는 선순환이 일어나는 겁니다.

우스갯소리지만 집 한 번 짓고 나면 10년은 늙는다는 말이 있지요. 많이 개선됐다지만 집을 짓다 보면 생각지도 못한 문제가 도처에서 펑펑 터지죠. 아름답고 튼튼한 집에 대한 염원이 간절해지면서 생각과 시야가 좁아져 누구나 단열 같은 기능적인 부분이 계속 신경 쓰이고요. 어떤 자세와 태도로 임하면 비교적 큰 스트레스와 상처 없이 즐겁게 집을 지을 수 있을까요?
집을 짓는다고 하면 저 멀리서 시안과 옵션을 가져오는 경우가 많습니다. 내 삶과 취향은 지금 사는 집에 다 담겨 있는데 말이죠. 현재를 무시하고 뜬구름만 잡고 있는 겁니다. 지금 사는 집에 짐이 엄청 많은데 그걸 50%로 줄인다? 그건 불가능해요. 20%를 줄이는 것도 힘들지요. 10% 정도면 할 만합니다. 그렇다면 지금 짐에서 10% 정도만 줄이는 수준에서 수납공간을 고민해야 합니다. 나는 이것저것 필요한 것이 많은 사람이니까요. 이런 식으로 지금 사는 집과 나의 생활 방식을 탐색하면 어려움이 훨씬 줄어듭니다. 남의 것을 보면 안 되고 내 것을 봐야 해요. 내 생활을 담는 거지 시각적으로 멋진 집을 짓는 것이 목표가 아니잖아요. 집에 산다는 게 뭘까, 멋진 집이란 어떤 걸까도 찬찬히 생각하면 좋아요. 건축가랑은 그걸 중심에 두고 커뮤니케이션을 하고요. 그러다 보면 세월이 흐르면서 집을 잘 '에이징'할 수 있는 방법을 고민할 겁니다. 또 하나, 처음부터 모든 걸 완비해야 한다고 생각하지 않으면 좋겠어요. 방과 화장실, 주방 같은 코어 시설만 만들어놓고 나머지는 다 비워놓는 거죠. 그리고 시간을 들여 천천히 생각하면서 공간을 새롭게 구획하고

채우는 것도 방법이에요. 스티브 잡스도 그랬잖아요. 가구 하나, 오디오 시스템 한 조만 둔 집에 살면서 미래를 그려나갔지요. 처음부터 모든 걸 다 구비하고 시작해야 한다고 생각할 필요가 없어요. 특정한 목적과 기능 없이 비워둔 보이드 공간이 많아야 일상이 더 윤택해질 수 있습니다.

저는 예전부터 빨간 벽돌집에 대한 로망이 있어요. 동화 《아기 돼지 삼형제》에서도 벽돌로 지은 막내 집만 안 무너지잖아요.(웃음) 집을 지을 때 가장 먼저 하는 일 중 하나가 외장재를 고르는 건데, 외장재나 내장재를 정확히 결정하는 것도 도움이 될까요?

재료 이야기를 먼저 하는 것도 가능하지만 그보다는 라이프스타일을 먼저 들여다보는 것이 좋아요. 삶과 동떨어진 빨간 벽돌집이 아니라 이것저것 다 고려해봤을 때 빨간 벽돌집이 최적이다 하고 결론이 나야지요. 그런 식으로 내 삶의 양식이 집의 모습과 자연스럽게 이어지고 내면의 힘과 기운이 안팎으로 뭉근하게 배어 나오는 집이 아름답다고 봐요. 벽돌로 마감하고 안쪽에 단열재를 넣으면 벽 두께가 50cm를 넘습니다. 작은 집에는 맞지 않는 솔루션이지요. 마당 있는 ㅁ자집이 무조건 좋은 것이 아니라 건축주의 삶과 땅, 집이 들어설 부지와 주변 환경을 다 살펴봤을 때 ㅁ자집이 최선이라는 결론이 나야 하는 거예요. 건축가와 시공사를 신뢰하고 그 사람의 가치를 인정하는 것도 중요합니다. 설계 도면만 있으면 누가 지어도 된다고 생각해선 안 돼요. 내가 작곡가라고 쳐요. 똑같은 악보로 중학생이 연주하는 것과 전문가가 연주하는 것 사이에는 큰 차이가 존재합니다. 도면만 중요한 것이 아니라 그걸 해석하고 실현하는 기술과 노하우도 그만큼 중요하지요. 비용 차이가 날 수밖에 없습니다. 전문가들이 왜 비용을 다르게 받겠어요? 낚시와 술을 좋아하던 헤밍웨이는 어느 날 바에서 만난 어부가 들려준 이야기를 듣고 그 자리에서 콘텐츠값을 치르고 《노인과 바다》를 썼대요. 그 소설로 노벨 문학상까지 받았지요. 이야기를 들려준 사람은 어부지만 헤밍웨이이기에 그 이야기를 그렇게 멋진 작품으로 만들어낼 수 있었던 겁니다. 만약 그 어부가 직접 썼다면 얼마 못 가 펜을 내려놨겠죠. 집 짓는 일도 똑같아요. 건축주가 들려주는 이야기를 듣고 최고의 도면을 그리는 이가 건축가인 거죠. 그런 전문성을 인정하고 내 삶에 대한 정보를 충분히 말해주면 됩니다.

밖의 풍경까지 세심하게 고려하며 작업한 해남 유선관 레노베이션 프로젝트.

건축가는 상담가이자 심리학자이기도 합니다. 건축주의 이야기를 잘 듣는 사람이 건축주에게 좋은 집을 설계해 줄 수 있지요. 건축주가 원하는 바를 소장님은 어떤 방식으로 끌어내는지요.

저는 굉장히 구체적으로 물어봐요. "어떤 방에서 어떤 식으로 자면 좋겠어요?" 하고 묻는 식이지요. 한 번도 생각해본 적 없는 내용이라 처음에는 답을 잘 못하지만 그때부터 고민을 하는 거지요. 늦잠을 잘 수 있게 아침에 주변이 깜깜하면 좋겠다든가, 누워 있을 때 창문 밖으로 아름다운 풍경이 보이면 좋겠다든가, 동쪽에서 떠오르는 해가 보이면 좋겠다든가 하는 식으로요. 이마저도 답하기가 여의치 않으면 좋았던 기억을 떠올려보라고 해요. 그러다 보면 여행지에서 좋았던 순간을 포함해 소중한 기억이 하나둘 되살아나지요. 같은 맥락에서 설거지할 때, 목욕할 때 행복하고 불편하던 순간을 떠올려보라고 이야기하면 막연하던 생각이 하나둘 점점 구체화됩니다. 욕실에 꼭 욕조가 있으면 좋겠다거나, 주방에서 녹색 자연이 보이면 좋겠다는 식으로요. 그렇게 실마리를 잡고, 한 줌 로망을 더하고, 적절한 사례를 적용하면서 함께 집의 골격과 분위기를 잡아나갑니다.

집 짓기에 대한 이야기를 하고 있지만 대부분의 사람들에게 집 짓기는 요원하고 경험할 가능성이 희박한 일 중 하나지요. 유럽이나 일본과 비교해 집을 짓는 사람 수도 적은데 건축가로서 그런 현실이 아쉽지 않은지요?

말씀하신 것처럼 집 짓기는 평생에 한 번인 경우가 많습니다. 집을 짓는 사람도 많지 않고 두 번 이상 집을 짓는 사람은 손에 꼽을 만큼 적습니다. 그만큼 집 짓기를 멀고 큰일이라고 생각하는 경향이 있는데, 물리적으로 큰 집을 짓는 것만 건축적 행위를 하는 것이라고 생각해서 그래요. '집'을 짓는 일은 멀리 있지 않습니다. 내 방을 꾸미는 것도 집을 짓는 것이라고 말하고 싶어요. 공간에 대한 한국인의 생각은 유독 경직되어 있습니다. 집에서 신발을 신으면 절대 안 되고, 층간 소음을 포함해 조심해야 할 일이 너무 많으니까 어느 때는 집에 '사는' 것이 아니라 '갇혀' 있는 것처럼 느껴지지요. 나를 발현할 수 있는 기회도 그만큼 적고요. 부동산 가치, 거주의 편의성, 환금성, 학군 등 좋은 집의 절대적 기준이 되는 것도 많습니다. 그런 기준에서 멀어지면 안 될 것 같고, 남들과

다르게 살면 안 될 것 같지요. 이런 것이 '갇혀' 사는 증거인데, 너무나 많은 사람이 그런 방식으로 사니까 동질감을 갖고 편하게 느끼기까지 합니다. 하지만 이런 상태에서 우리가 살아 있다는 걸 맛볼 수 있을까요? 집은 살아 있다는 걸 참으로 느낄 수 있는 곳이에요. 그렇다면 좀 더 적극적으로 방법을 모색할 수 있어야 합니다. 거실에 큰 소파와 70인치 TV를 놓고 벽에는 수천만 원짜리 그림을 걸어놓은 방과 집만 좋은 것이라고 하기에는 우리 개개인의 존재가 그리 간단하지 않지요. 내게 맞고, 내가 좋아하는 공간을 좀 더 창의적이고 적극적으로 만들 수 있어야 하지요. 페터 춤토어는 《분위기》라는 책에서 물건과 공간의 관계가 분위기를 만든다고 했어요. 나의 미감과 취향, 기호와 딱 맞는 물건을 신중하게 고르고 배치하는 것만으로 나만의 분위기가 담기는 집이 됩니다.

마지막 질문입니다. 첫 집을 설계한 때가 벌써 17년 전이에요. 누군가에게 집을 지어준다는 건 정말로 큰일이고 어떤 면에서는 어마어마한 보시 같기도 한데, 집에 대한 개념과 생각도 나이가 들수록 계속 바뀌겠지요?

최근 10년 전에 지어준 집에 다녀왔어요. 파주에 있는 집인데 입주 즈음에 벚나무 묘목을 심어드렸습니다. 이번에 가보니 그 묘목이 아주 잘 자라 떡하니 자리 잡고 있더라고요. 노출 콘크리트 건물이라 적절하게 때가 타서 보기 좋더라고요. 아이가 어른이 되듯 그렇게 멋지게 나이 든 모습을 보니 '이게 뭐지? 집을 짓는다는 것은 시간을 쌓는 거구나' 싶었습니다. 만약 제가 지은 것이 도서관 같은 공공건물이었다면 처음 지은 대로 그냥 유지될 거예요. 시간이 흘러 건물이 노후되면 레노베이션 공사를 하는 정도겠지요. 그런 건물은 변화가 적으니까요. 하지만 집은 달라요. 끊임없이 변화하고 커나가지요. 어떻게 관리하고 단장하고 마음을 주느냐에 따라 주인과 함께 멋지게 나이들어갑니다. 그러려면 기본 재료가 좋고 지속 가능성이 있으면서도 충분히 오래갈 수 있는 구조와 디테일이 있어야 하지요. 단순히 심플하고, 깨끗하고, 잘 숨기고 이런 것이 중요한 게 아닌 것 같아요. 그 집에 다녀온 후로 근사하고 멋지게, 잘 늙어갈 수 있는 집에 관해 자주 생각합니다.

copyright _ photo

건축가가 지은 집

1판 1쇄 발행 2024년 3월 1일
1판 2쇄 발행 2024년 3월 27일

지은이	정성갑
엮은이	<행복이 가득한 집>
펴낸이	이영혜
펴낸곳	㈜디자인하우스

기획	<행복이 가득한 집>
편집장	이지현
디자인	김홍숙
책임편집	최혜경
교정교열	김한주, 오승준
홍보마케팅	㈜디자인하우스 출판팀
영업	문상식, 소은주
제작	정현석, 민나영
미디어사업부문장	김은령

출판등록	1977년 8월 19일 제2-208호
주소	서울시 중구 동호로 272
대표전화	02-2275-6151
영업부직통	02-2263-6900
인스타그램	@homelivingkorea
홈페이지	designhouse.co.kr

ⓒ행복이 가득한 집
ISBN 978-89-7041-786-8 03540